science・i

ネコを長生きさせる50の秘訣

ごはんを食べなくなったら？
鳴き声はストレスの表れ？

加藤由子

SB Creative

著者プロフィール

加藤由子（かとう よしこ）

作家。ヒトと動物の関係学会理事もつとめる。サイエンス・アイ新書『ネコ好きが気になる50の疑問』、『幸せな猫の育て方』（大泉書店）、『雨の日のネコはとことん眠い』（PHP研究所）などネコの著作は多数。専門は動物行動学。上野動物園、多摩動物園で動物解説員をしていたこともあり、『みんなが知りたい動物園の疑問50』（SBクリエイティブ）、『ゾウの鼻はなぜ長い』（講談社）、『どうぶつのあしがたずかん』（岩崎書店）などの著作もある。

本文デザイン・アートディレクション：クニメディア株式会社
本文イラスト：まなか ちひろ（http://megane.boo.jp/）

はじめに

放し飼いより室内飼いのほうがネコを幸せにできると思っている。事故や病気から守れるからという意味ではない。室内飼いのほうが飼い主との絆《きずな》がより強くなる。その強い絆を生活の軸にすることで、ネコの暮らしをより豊かにできると思うからである。

私は長い間、ネコを放し飼いで飼っていた。子どものころは、放し飼いがあたり前という時代だった。おとなになって飼ったネコも“庭に入り込んだノラネコがいついた”かたちだったので、放し飼いにしかできなかった。室内飼いが増えつつある時代だったが、しかたがないと思っていた。だが、家の周りの交通量が増えてきたころから事故を心配し始めた。毎晩、ネコたちが無事に帰ってくるまで落ち着かなかった。

何度か、室内飼いに変えようと試みたことはある。だが、家の周りをもなわばりとして暮らしているネコの行動範囲をせばめることは無理だった。「いつか事故にあうかもしれない。それは覚悟しておこう」と思った。実際、覚悟しているつもりだった。だが、その心配が現実になったとき、覚悟などなんの役にも立たなかった。さっきまで元気だったネコが突然にして動かぬ骸《むくろ》になる現実は、覚悟などで受け入れられるものではなかった。

家の中にネコの姿が消えたとき、考えた。私は室内飼いを心底、望んでいたのだろうか。何度かの試みは、「このネコたちには無理だ」という自分への言い訳のためではなかったのか。室内飼いをしたことのない私は、どこかに室内飼いへの抵抗があったのではないだろうかと。

放し飼いにしていたネコを室内飼いに変えるのは、確かにむずかしいことだ。だが私は心のどこかで「このままでいい」と思っていた。ネコとはそういうものだ、という気持ちもあった。

もう一度、ネコを飼わねばならないと思った。「室内飼いのほうがいい」と心から思える飼いかたをしなくてはならないような気がしたのだ。それが私の贖罪《しょくざい》のように思えたし、失ったネコたちへの供養だとも思えた。そして動物病院に保護されていたネコを引き取り、室内飼いを始めてからすでに15年以上がすぎた。いま私は「室内飼いでもネコは幸せ」ではなく、「室内飼いだからこそネコはもっと幸せになれる」と自信をもっていえる。私のネコたちは幸せに年をとったと信じている。

ただ、幸せに年をとった室内飼いのネコには老後ゆえの問題がある。老化現象、老ネコとしての病気、衰弱、そして死。飼い主は、それを最後まで見届けなくてはならない。放し飼いのネコの多くが事故死だったときとは違うネコとの暮らしがあるのである。わが家の17才のネコもいまや、老化現象と病気の真っただ中だ。

私たち飼い主はみな、ネコが長生きをしてくれることを願っている。だが長生きのネコが最後まで元気だとはかぎらない。病気との闘いのみになることもある。若かったころの美しい姿は見る影もなく失せるかもしれない。それでも最後まで愛し続けることのできる関係が、これからは必要になる。「ネコを元気で長生きさせる秘訣」は、「どんな状況になっても愛し続けみとること」とセットなのだ。この本が、「どんな状況になっても、最後まで愛し続ける」ための一助になってくれることを願っている。

*

私が飼った最後の放し飼いのネコは、行方不明のままだった。どんなに探しても見つからなかった。死んだのだと思いたかった。どこかで生きているのだとしたら、どこかで私を探しているのだとしたら耐えられなかった。だから毎日“死体”を探し回った。

ついに捜索をあきらめたとき、「そばで死んでくれることが飼い主にとってどんなに幸せなことか」と初めて気づいた。室内飼いにしたとき、「死ぬときはそばにいてやれる」ことがうれしいと思ったのを覚えている。どんな状況になろうと愛し続け最期をみとる幸せを、私は今度こそ感じたいと思う。いま、私のそばで眠る老いたネコたちを、悔いなくみとりたいと心から思っている。そのために、ネコとの1日1日を大切にしたいと思っている。

2009年4月　加藤由子

ネコを長生きさせる50の秘訣

ごはんを食べなくなったら？　鳴き声はストレスの表れ？

CONTENTS

SB Creative

CONTENTS

第1章

よい関係を築くための秘訣

この章では、ネコと楽しくすこやかに暮らすうえでとても重要な、ネコの行動や心理を理解するための秘訣について紹介します。ネコそれぞれの気性を理解したり、ネコに禁止してはいけないことなどを再確認しましょう。

01 ネコは、ヒトと違う価値観をもっていることを知る

ペットの代表はイヌとネコ。どちらも昔から人類との長いつき合いを続けてきた。とはいうものの、イヌとネコとでは性格がまったく違う。動物本来の性格が異なるせいである。

イヌは群れ生活をする動物で、群れのメンバー内に順列をつくり、その上下関係の中で暮らす。だから人に飼われると、飼い主の家族を自分の群れと見なし、家族を群れのメンバーと見なして上下関係をつくる。イヌが飼い主に従うのは、飼い主を群れのリーダーと見なしているからだ。

ところがネコは本来、単独生活者であるから、群れもリーダーもつくらない。それゆえに「上の者に従う」とか「周りに合わせる」という感覚もない。当然、飼い主のいうことなどきかない。「ネコは自分勝手でわがまま」といわれるゆえんだ。「協調性がない」「ゴーイングマイウェイ」「きまぐれ」「KY」と、けっこうメチャクチャな評価さえある。

だがネコとしては、それが正統な生きかたなのだ。先祖代々そうやって生きてきたし、それがネコのアイデンティティなのだ。イヌと同じく群れ生活をする人間には、イヌの気持ちのほうが理解しやすいだけである。人と同じものさしをネコにあてはめても意味がない。イヌや人とは違う価値観をネコがもっていることを、理解する努力をしたいものである。

動物の種それぞれがもっている、それぞれの価値観を理解することは、人間にしかできない。その能力を発揮してこそ、ネコとの豊かなつき合いが可能になる。よき理解者としてネコを愛し、深い絆を結ぶことができるのである。

ネコとイヌの価値観は大きく違う

ネコの価値観

- 自分が正義
- ひとりで行動するのがあたり前
- 自分で自分の身を守る
- 嫌なことは嫌

イヌの価値観

- 飼い主が正義
- 飼い主の家族を守りたい
- 飼い主といっしょに行動したい
- 嫌なことでも飼い主の命令ならがまんする

人になつくのは子ネコ気分のままだから

では、単独生活者であり仲間意識とは無縁のネコが、なぜ人になつくのか。なぜ人に甘え、同じ布団《ふとん》で枕を並べていっしょに寝ようとするのか。それは、飼いネコがいつまでも子ネコの気分をもち続けるからである。死ぬまで子ネコの心のままでいるからなのだ。

野生の場合、子ネコはいっしょに生まれた兄弟ネコや母ネコとともに暮らす。母ネコに甘え、めんどうをみてもらい、兄弟ネコと楽しく遊びながら成長する。ところがある日、子ネコたちは母ネコに追いだされるのだ。子ネコたちは、いつまでも母ネコのもとで暮らしたいと思っている。だが母ネコの執拗《しつよう》な攻撃にたえきれず、泣く泣く母ネコのもとを去る。「子別れ」といわれるもので、これをキッカケに子ネコたちは独立する。おとなネコの気分になり、自分だけのなわばりをつくり、単独生活を始めるわけである。

人に飼われたネコの場合、飼い主がまるで母ネコのようにかわいがり、めんどうをみてくれ、決して追いだすことはない。だからネコは、いつまでも子ネコの気分のままなのだ。「おとなの気持ちになるキッカケ、単独生活を始めるチャンスがない」わけだ。だが、もともと「いつまでも母ネコのもとで暮らしたい」と思っているネコにとって、これは好都合。結局、死ぬまで子ネコのように飼い主に甘え、飼い主と遊びながら暮らすのである。

もし飼いネコが、本気でおとなネコの気分になったとしたら、人とともに仲良く暮らすことはできないだろう。ネコと人とは、疑似親子または疑似兄弟の関係にあるからこそ、お互いに交流しながら暮らすことができるのである。ネコが“永遠の子ネコ”であるからこそ、ネコと人は愛情をはぐくむことができるのだ。

飼いネコは一生、子ネコ気分のままでいる

野生のネコには、子別れがある。子別れによってネコはおとなに成長できる。

飼い主はネコを追いださない。いつまでも母ネコのようにめんどうをみる。

だからネコはいつまでも子ネコ気分のままでいる。"子ネコ"のように飼い主に甘える。

人とネコとは"親子関係"。

人とイヌとは、リーダーと群れのメンバー。そこがネコとイヌとの大きな違い。

02　十猫十色であることを知る

ネコにはネコの、イヌにはイヌ本来の性格があると前に述べた。ではネコであれば、みな同じような性格をしているのかというと、そうではない。人の性格がそれぞれ違っているように、ネコの性格もみな違う。それぞれに個性あり。まさに十猫十色なのである。

キャットフードが普及するまで、ネコたちは自分で狩りをして暮らしていたといえる。人に飼われエサをもらってはいても、それは家庭の残飯であり、完璧な肉食動物であるネコにとっては栄養が足りなかったからである。放し飼いがあたり前だったネコたちは、ネズミや小鳥や虫を捕って“自活”していた。

ということは、狩りの能力のないネコは長生きができなかったということなのだ。長生きができなければ子孫を残すチャンスも少ない。だから狩りがへたな、つまり野性味の少ないネコの遺伝子は減るいっぽう。ネコの多くは、狩りのうまい野性味豊かな性格だったと考えられる。“ネコらしくない”ユニークなネコは少なかったはずなのである。

ところが、1970年代から始まったキャットフードの普及で、ネコたちは狩りをする必要がなくなった。つまり野性味のないネコであっても長生きが可能になり、子孫も残せるようになった。そのネコたちは、野生味とは別のユニークな性格の遺伝子を残し始めた。だからいま、ネコたちはさまざまな性格を発揮しながら暮らしているのだ。

「ネコなのに○○」といういいかたはもう通用しない。ネコ本来の性格のうえに、さまざまな性格があるのである。今後もネコは、どんどんユニークになっていくに違いない。

十猫十色、いろんな性格のネコがいる

昔のネコは、こんなことをしたら即、どこかへ逃げてしまうものだった。

誰にでもあいそうを振りまくネコもいれば、飼い主以外は絶対にダメなネコもいる。

知らない場所に連れて行かれても平気なネコ。昔は考えられなかった。

「お手」をするネコ。昔はやらせてみようと考える人さえいなかった。

安心しきっているからこその豊かな個性

ネコがユニークな性格を発揮するようになったのは、遺伝子のせいばかりではない。人との距離が、物理的にも精神的にも近くなったことも影響している。昔のような広い家が少なくなったこと、核家族や単身住まいが増えたこと、室内飼いが増えたことなどが、その背景にはある。

いずれにしろネコはいつも人の目の届くところにいて、いつも声をかけられたり抱かれたりするようになった。昔よりずっとかわいがられ大切にされ、おかげでネコは安心しきって暮らすようになってきた。その精神的な安定と余裕が、ネコに豊かな個性を発揮させているのだろう。

居間のド真ん中で、ネコは安心しきって大の字になって昼寝をする。それをじゃまだと思う飼い主はいまやいない。「かわいい」と思い、「そのまま寝ていていいよ」と言い、もっと寝やすいように周りを整えたりもする。昔のネコは、へたをすれば蹴とばされるかもしれない場所で昼寝などしなかった。要するに、現代のネコは警戒心ゼロなのだ。そして警戒心ゼロゆえに、ユニークな能力を発揮する。警戒するために使っていた神経を、ほかの分野に使っていると考えてかまわない。

「ニャア」と鳴けば、飼い主が「なぁに？」と振り向き、「あれがほしいの？」「こうしてほしいの？」と聞いてくる。だんだんとネコは、要求によって鳴きかたを変えれば、飼い主が“正しく”反応することを覚える。どういうしぐさをすれば、飼い主を要求どおりに動かせるのかも覚えていく。

かわいがられ大切にされることで、ネコはどんどんユニークなネコへと進化していくわけである。

大切にされることでネコはどんどん進化する

警戒心ゼロの状態でお昼寝。

警戒するために使っていた神経をほかの分野に使っている。つまり…

要求によって鳴きかたを変えれば、飼い主が"正しく"反応することを覚える。そしてどんどんユニークなネコへと進化！

03 ネコを飼うための費用を頭に入れておく

ネコを飼うには、それなりの費用がかかるものである。必要最低限のことに、どのくらいの費用がかかるのかを知っておくことは大切だ。その心づもりがなければ、ネコを飼う資格もないといって過言ではない。

まず、毎日のエサ代やトイレ砂代がコンスタントに必要だ。それは毎日の費用×365日×ネコの寿命分の金額になる。ちなみに、最近のネコは最低でも15年前後は生きる。20才以上というネコも、決してめずらしくはなくなった。たとえば、1匹につき1日200円かかるとしたら、1年で7万3千円。10年で73万円、20年で146万円である。

さらに、避妊や去勢の手術代も必要になる。病気やケガもしないとはかぎらない。特に年をとってきたら、かならずといっていいほど病院の世話になる。健康保険があるわけではないので、人間の病院代よりずっと高い。

そのほか、トイレや爪とぎ器、首輪などの消耗品も必要になる。ネコを一生養うということは、それなりの出費を覚悟するということなのだ。その代わりに、ネコと暮らす楽しさと豊かさをもらうことができるのだと、考えるしかないだろう。

途中で「こんなはずじゃなかった……」と飼うことを放棄するのは、良識あるおとなのすることではない。人の愛情を教え込んだうえで捨てることほど残酷なことはない。人として最低だというしかない。将来、どのくらいの費用が必要になるのかを考えておくことは大切なことである。飼い始めたときから、ネコのためのお金を積み立てるくらいの心づもりをしておきたいものである。

ネコはけっこうな金食い虫？

毎日必要な費用

エサ代、トイレ砂代。
毎日の費用×365×
ネコの寿命ぶん。

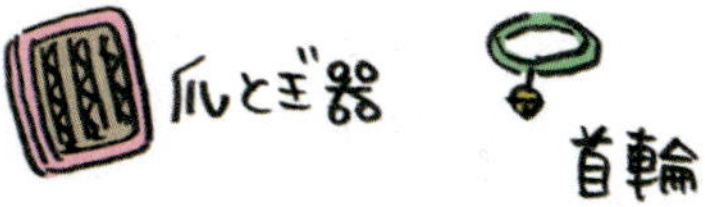

キャットタワーもあるといいかも。

そのほかに必要な費用

病院代。
避妊、去勢の手術、
毎年の予防注射。
病気もするケガもする。

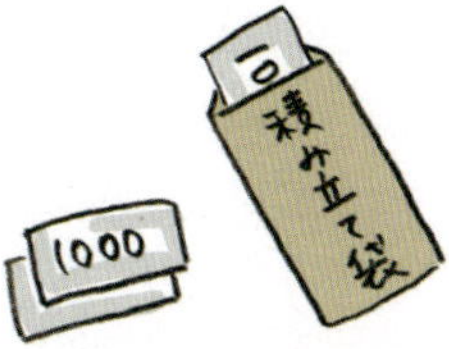

積み立てておくくらいの
覚悟が必要。

万が一のときのことも考えておく

ネコにかかる費用については理解している、最期までキチンと世話をするつもりだという場合にも、もう1つ考えておくべきことがある。万が一、飼い主が先に死んでしまい、ネコだけが残されてしまったときのことだ。特に、ひとり住まいでネコを飼っている場合、ぜひ考えておきたいことである。

「まだ若いし、そんなこと」と思う人もいるだろう。だが人生、なにが起きるかわからない。ネコが路頭に迷うことのないよう、「転ばぬ先の杖《つえ》」も大切だ。

いちばんいいのは、信頼できる“ネコ友だち”をつくっておくことだ。お互いに「イザというときは引き取る」という約束があれば安心できる。おおげさかもしれないが、遺産の譲与について考えておくのもいいだろう。

友人はいない、つくるつもりもないという場合は、飼い主の死後などにペットを引き取り、快適な環境で飼ってくれる団体を探しておくといい。規定の料金が必要な団体もある。寄付のみで活動しているボランティア団体もある。条件などを調べたうえで、万が一のときの連絡先をメモなどにして残しておけば安心である。もちろん、「ネコより先には絶対に死なない」という心がまえのほうが、なによりも大切ではあるが。

友人に託すのであれ、団体に頼むのであれ、いずれもお金がかかることに違いはない。資産家は別として、庶民はネコを飼い始めたときからネコのための資金づくりを考えておきたい。法律上、ネコ名義の通帳をつくることはできないが、気持ちのうえでのネコ名義通帳ならできる。それがネコの一生に責任をもつということなのだ。

お金がすべてとはいいたくないが…

ネコの幸せのためにはお金は必要。

ネコのために使う通帳をつくっておこう。

将来のことも考えておこう。

それが飼い主の責任だから。

04　室内飼いの利点を知る

「ネコを家の中だけで飼うのはかわいそう」、そう思っている人は少なくない。放し飼いがあたり前の時代が長かったせいで、室内飼いを“閉じ込めている”と感じてしまうからだろう。

だが、ネコの放し飼いはもう時代おくれだといっていい。放し飼いにされていたのは、ネコがネズミ退治の役目を負っていたからだ。自由に歩き回ってネズミを捕ってくれることを、人々が期待していたからである。いま、ネコにそんな役目はない。現代のネコの役目は、家族の一員であることだ。だったら、飼い主はネコの安全を第一に考えるべき。交通ルールを知らないネコを外にだすのは、無責任としかいいようがない。

さらに、ネコという動物はもともと、広い範囲を歩き回りたいとは思っていない生き物なのだ。動く必要がないのなら動きたくない、そう思っている動物だ。ネズミを捕る必要がなくなったいま、放し飼いのネコたちは飼い主の家でエサを食べ、外のトイレ場所や昼寝場所に通っているだけ。決して散歩を楽しんでいるわけではないのである。快適なトイレや昼寝場所が家の中にあるならば、わざわざでかけて行きたいとは思っていない。室内飼いは“かわいそう”どころか、ネコにとっての最高にぜいたくな暮らしかたなのだ。

放し飼いのネコは事故にあう危険があるだけでなく、他人の家に迷惑をかける可能性も非常に高い。近所に迷惑をかけ、目の敵《かたき》にされるネコは不幸でもある。ネコは100%かわいがられてこそ幸せで、ネコが幸せであってこそ飼い主も幸せというものだろう。「ネコは室内飼いがあたり前」、それが21世紀の常識である。

ネコを放し飼いにする理由などない

放し飼いのネコは家とトイレと昼寝場所との間を移動しているだけ。

家の中にトイレも昼寝場所もあればラク。

交通ルールを知らないネコが事故にあうのは当然といえる。

他人の家の庭をトイレ代わり。それで飼い主の責任をはたしているといえるのか？

放し飼いのネコを室内飼いに変える方法はあるか？

室内飼いがいいのはわかっている。だが迷い込んできたノラネコを飼い始めたので、どうしても外にでたがる。または、すでに放し飼いにしてしまったので、ださないと1日じゅう鳴き続ける。いったい、室内飼いに変える方法なんてあるのか？ と悩んでいる人もいるだろう。

方法はある。だが条件つきだ。確実なのは、引っ越しを利用することだ。隣の家に引っ越すという場合には通用しないが、遠くに引っ越すのなら、引っ越したその日から室内飼いに変えられる。新しい家に着いたときから、外にださなければいいだけだ。ネコのなわばり感覚を利用するだけだから、どんなネコであろうと、まったく無理なく移行することができる。

引っ越しのチャンスがない場合は、病気やケガで入院したときを利用するのも方法だが、若いネコでは元気になるとともに昔どおりに外にでたがることが多い。高齢のネコなら成功する可能性はある。

結局のところ、どうしても室内飼いに変えられないケースはある。その場合は、放し飼いのまま一生をまっとうさせるしかないのが現実だ。だが、いつか事故にあって突然、逝《い》ってしまうことがあるのだということを、覚悟しておく必要はある。

もちろん、ネコがどんなに鳴きわめこうと絶対に外にださなければ、室内飼いに変えられる。だが、それができる飼い主はまずいないだろう。いくらネコのためと思っても、かわいそうで見ていられない。それが飼い主としての正常な感覚だと思う。だからこそ、無理なく室内飼いに変えられるチャンスを見逃してはならないのだ。

引っ越しでなわばりがリセットされる

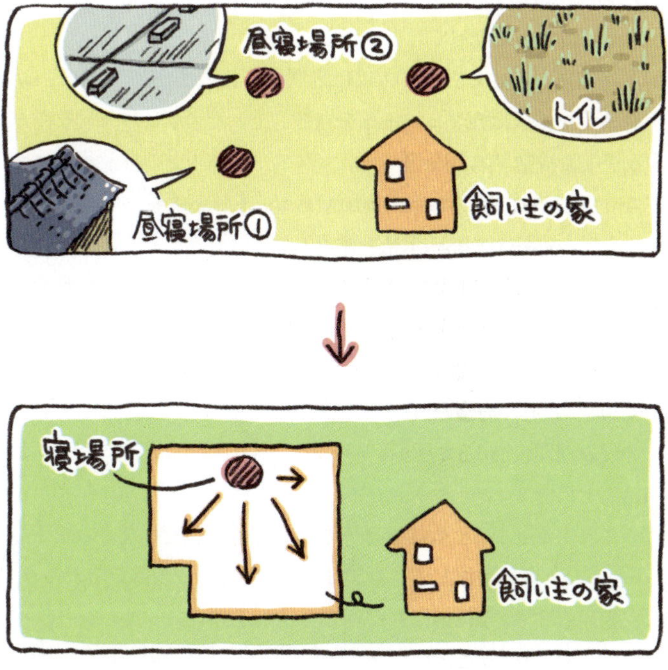

寝場所がなわばりの中心、中心から徐々になわばりを広げていく、外にださなければ新しいなわばりは家の中だけになる。

05　避妊・去勢の必要性を考える

ネコは生後1年前後で性成熟に達する。最近では、生後4～5カ月で性成熟をする早熟なネコもいる。つまり子ネコは、あっという間におとなになってしまうのだ。

性成熟に達すると、メスには定期的に発情期がめぐってくる。発情したメスは性フェロモンを発散させ、そのフェロモンをキャッチした成熟オスが発情する。メスのフェロモンの拡散範囲はかなり広いので、オスは室内飼いであっても反応する。

もし、避妊や去勢の手術を誰もしなかったとしたら、発情期がめぐってくるたびに町じゅうのネコが発情し、お互いに異性を求めて騒ぎ始める。放し飼いのネコは、何日も帰ってこない。室内飼いのネコはなんとかして外にでようとする。みな、寝食を忘れて繁殖活動に没頭。それが発情期というものなのだ。そしてネコの妊娠期間である2カ月がすぎたとき、町じゅうに子ネコがあふれることになる。

これが幸せなことなのか？ 生まれた子ネコはどうなるのだ？「うちのネコが生んだ子には責任をもつ」という人もいるだろう。だが現在、ネコは1年に3～4回の発情期を迎え、一度に3～5匹の子を生む。それが毎年続くのである。そしてネコの寿命は一般に15年前後。責任をもちきれるか？ オスは出産こそしないが、どこかで生ませていることになる。無責任ではないのか？

ネコを飼い始めるときに、出産計画を立てることが必要なのだ。生ませるつもりがないのなら、メスには避妊手術を、オスには去勢手術をするべきだ。それがノラネコを増やさないことにつながるのである。

ネコの発情期

最大の発情期は早春。次に大きな発情期は秋。
その間にも小さな発情期がやってくる。

不妊手術をしなかったら…

1年目

×3回 = 9匹！

9匹のうち4匹がメスだとすると、親子で…

2年目

×3回 = 45匹！

45匹のうち20匹がメスだとして、親子3代で…

3年目

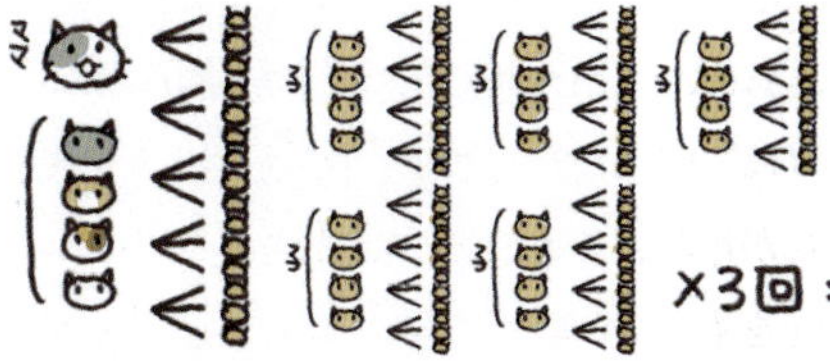

×3回 = 225匹！

1匹が、3年目には225匹になる計算!!

繁殖制限はどうしても必要。
その方法は、避妊・去勢手術しかない。

不妊手術は“不自然”ではない

「人間の都合でネコに避妊や去勢の手術をさせるのは身勝手だ」という意見もある。「動物は、自然に生きるのがいちばん。繁殖制限をするのは不自然だ」という意見もある。

だが、ネコは人に飼われ姿を変えて家畜となり、人とともに暮らしているのだから、すでに野生動物ではない。人間が“自然”を離れて暮らしているように、ネコも“自然”を離れて暮らしているのだ。

ネコがまだ野生動物だったころは、発情する回数が少なく、また交尾をしても無事に妊娠・出産をする確率も低かった。さらに無事に出産をしたとしても、生まれた子ネコが全員、無事に育つことはまれだった。理由は、十分なエサがなかったからだ。野生動物とは、そういう暮らしを生きているものである。

野生動物が子孫を残すのは、簡単なことではない。だからこそ、エサが豊富にあり栄養状態のよいときに、できるだけ子どもを生んでおこうとする。それが動物としての本能であり、使命なのである。

家畜になった現代のネコたちにも、その本能は残っている。年じゅう十分なエサをもらうからこそ、「いまのうちに」とばかりに繁殖行動をするわけだ。その結果、栄養状態がいいゆえに野生状態とは比べものにならないほどの数の子ネコが生まれる。このほうが、よほど“自然”ではない。

われわれの暮らしかたや価値観が時代とともに変わるように、ネコの暮らしかたも変わっていく。そう考えるべきだろう。人とネコとが幸せに暮らす方法は、時代とともに変わっていく。そのために不妊手術をすることは、決して不自然なことではない。

“自然”ってなに？

もしネコが“自然”に暮らしたら

冬、エサはない。

生まれた子ネコは育たない。

自然界とは過酷なもの。危険もいっぱい。
人類は過酷な自然に対抗するために文明をつくりだした。

人間社会はもう“自然”ではない。その人間社会で暮らすネコも、もう“自然”ではない。

自然界とは異なる暮らしを始めた人とネコ。
独自の価値観と暮らしかたがあっていい。
それを模索するのが自然なこと。

06　不妊手術の利点に目を向ける

ネコには、自分がオスだとかメスだという認識はない。交尾と出産の因果関係も理解できない。発情すると、ただ本能に従って異性を求め、本能に従って交尾をするだけである。そしてメスは本能に従って巣をつくり、本能に従って出産をし、本能に従って子育てをする。すべては本能にインプットされていて、ネコはその指令に素直に従っているだけである。理屈はなにも存在しない。

もし本能の指令がでなかったら、ネコはなんの違和感もなく「指令がない状態」に従う。性衝動に関する指令がなければ、性行動とはまるで無縁になるだけである。たとえ、ほかのネコが交尾をしているのを見ても興味もないし、なにをしているのかさえわからない。

不妊手術をしたネコは、性成熟前の子ネコの状態に戻るのである。なにも知らず、ただ楽しく遊んでいた人間の幼児の状態に戻るのである。ネコは、「昔、自分はオスだった」などとは思わないし、覚えてもいない。去勢手術とはなにかもわからなければ、自分がなにをされたのかもわからない。手術をされたことも、すぐに忘れる。ネコに手術をすることが、ネコの尊厳を傷つけることには決してならない。

その反面《はんめん》、不妊手術をすることによるメリットは非常に大きい。繁殖制限のほかに、ネコが元気で長生きできる要因がたくさんあるのだ。昔、ネコの寿命は5年前後といわれていたが、いまは15才前後といわれる。ここまで寿命が伸びた理由の1つに、不妊手術の普及があることは事実なのだ。そこにぜひ目を向けてほしい。

不妊手術をしないネコは、こんなに危険!

異性を求めて
無我夢中。
事故にあう可能性大!

オスどうしのケンカのかみ傷、
交尾のときのかみ傷から
重篤な病気が感染する
可能性!

子宮蓄膿症などの生殖器
の病気になる可能性。
老ネコは乳房腫瘍に
なる可能性も。

夜中に鳴きわめくのは
近所迷惑。頭にくる人
がいても無理はないかも。

不妊手術をホームドクターとの出会いにする

ネコの一生を幸せなものにするためには、獣医師との連係がかかせない。ネコのホームドクターがいて初めて、ネコの健康が守れるといっても過言ではない。ネコを飼い始めるとき、それはホームドクターを探すときでもある。

イザというときを考えると自宅から近い動物病院がいいが、獣医師も人間、大切なのはお互いの“相性”だ。「この人なら信頼できる」と思える獣医師を選ぶことが重要だ。長いつき合いになることを考えれば、2〜3軒は行ってみる覚悟で探し始めてかまわない。

まずは健康診断か予防注射（P178参照）を理由に、動物病院に連れて行くといいだろう。そして獣医師の話を聞き、「ここだ」と思ったら、不妊手術の相談をするといい。子ネコを生ませる予定があるなら、それを話し、生ませる予定がないならその旨を伝えて、不妊手術の時期を相談してほしい。

早熟なメスの場合、生後4カ月で発情することもあるのだということを頭に入れて、早期にホームドクターは決めるべき。まだまだ子ネコだと思っていたら、ある日、外に飛びだして、帰ってきたときには妊娠していたということになったら、楽しいはずだったネコとの暮らしが一変しないともかぎらない。無計画に生ませた子ネコが飼えるのなら問題はないが、「飼えない」となったときの里親探しには、並大抵ではない努力がいる。簡単には見つからないのが現実である。

ネコは「かわいい」だけでは飼えないのだ。飼い主として、自分のネコを管理し、庇護《ひご》するという覚悟と責任、そのための計画的な行動を必要とするのである。

ネコの「恋の季節」はこんな流れ

①

発情期がめぐってくると、まずメスが発情。体をコネコネ。なにかソワソワ。腰にさわるとお尻をプリ♡

②

メスのだすフェロモンに反応してオスが発情。メスを探してうろうろ。

③

メスのまわりにオスがたくさん集まってくる。オスどうしはメスをめぐってケンカ。

メスはその中の1匹と交尾する♡

メスは受胎すると発情がとまる。受胎しない場合は約1週間で発情がとまり、約10日後にまた発情。1回の発情期（約1.5ヵ月間）の間それをくりかえす。

07 何匹をいっしょに飼えるのかを考える

ネコは元来、単独生活者であり、おとなになると自分だけのなわばりをつくり、1匹で暮らす動物である。だが、人に飼われ、エサが十分にある環境では複数のネコがいっしょに暮らすことができる。エサを争う必要がないからだ。また飼いネコが、いつまでも子ネコ気分でいることも影響している。子ネコ時代は、親や兄弟とともに集団で暮らすからである。

複数のネコをいっしょに飼うと、1匹だけを飼うのとはひと味違う楽しさがある。ネコどうしのかかわりかたにも、実に興味深いものがある。とはいうものの、何匹でも無制限に飼えるというものではない。各家庭の環境によって、飼える頭数には限度があると考えたほうがいい。そのうえで、何匹をいっしょに飼うのかを決めたいものである。

金銭的な条件や家の広さのほか、忘れてはならないのは、ネコの世話に責任をもってかかわれる人間が何人いるのか、ということだ。毎日の世話のほか、ちょっとした変化に気づいて病気の早期発見をしたり、ネコどうしの関係に配慮したりするためには、1人につき2〜3匹が限度だと思って間違いはない。もちろん、毎日、家にいてネコの世話に没頭するという場合は別だし、個人個人の飼育経験にもよるが、仕事をしながらネコを飼うという場合は、真剣に世話をする人1人につき3匹まで。これが、基準だといえる。

そして、○匹と決めたなら、途中で1匹ずつ増やしていくより、最初から希望の頭数を同時に飼い始めることをすすめたい。そのほうが、ネコどうしの関係がうまくいく可能性が非常に高いからである。

何匹まで飼えるのかを決める条件

金銭的な問題。
1匹分×頭数の
費用が必要。(P18参照)

家の広さ。ネコは上下の
空間を利用するので、
床面積とは関係が
ないが、それでも限度あり。

責任をもって世話を
する人は何人？
1人で完璧に世話が
できるのは2〜3頭。

大地震や火事などイザ
というとき、連れだせる
数を考えよう。

1匹だけでいるほうが幸せなネコもいる

子ネコは、ふつう3〜5匹の兄弟といっしょに生まれ、母ネコの庇護のもとでいっしょに成長する。生後10日前後で目が開き、耳も開く。いいかえれば、目が見えるようになり、耳も聞こえるようになる。それは、自分の周りの世界を認識し始めるということである。

ネコの生後2週目から生後7週目までを、社会化期と呼んでいる。自分が住む世界や自分の仲間を認識し、受け入れる時期という意味である。この時期に、どういう経験をしたか、それがネコの性格を決めるといっても過言ではない。豊かな経験をした子ネコほど、物おじしないおおらかなネコに成長する。

社会化期を、兄弟との接触なしに育った子ネコは、ほかのネコと親密なつき合いができないことが多い。ネコを自分の仲間として認識していないからである。そういうネコを、すでにネコのいる家庭に迎えても、ネコどうしの関係はうまくいかない。だからこそ、複数のネコを飼うつもりなら、子ネコのときからいっしょに飼うのがいいというわけなのだ。どういう子ネコ時代をすごしてきたのかがわからない場合、先住ネコとの関係は未知数だというしかない。じょうずな会わせかたをしさえすればうまくいくというものでもない。ほかのネコがいるとストレスを感じるネコ、1匹だけで飼われているほうが、ずっと幸せなネコもいるのである。

ちなみに、ネコが人になつき心を許すのは、社会化期に人と触れ合っているからである。同様に、社会化期にイヌや小鳥とともに育ったネコは、生涯、イヌや小鳥を仲間として暮らすことができる。人とネコ、ネコとネコが仲良く暮らすには、社会化期の経験が大きく影響するのである。

ネコどうしの仲は、社会化期の経験が影響する

生後2週から7週の時期、子ネコはいろんなことを学ぶ。

その時期に触れ合った"動物"を自分の仲間だとみなす。

ほかのネコと触れ合った経験のないネコは、ネコを仲間だとはみなさない。

子ネコのときからいっしょに飼っていれば、仲良しのまま暮らせる。

08 ネコになにを求めているのかを考える

「人間はきらいだけど動物は好き」と言う人がいるが、健全な考えかただとは思えない。人間がきらいだということは、人間である自分をもきらいだということになるではないか。その、きらいな自分の愛情が、大好きなネコに注がれることを「よし」とするのか？　それでネコが幸せだと思えるのか？

「人間がきらい」は「人間が好き」の裏返しだろう。だけど人間社会がわずらわしくて、背を向けているだけではないのか。本当は人に発信したい気持ちをネコに向けているのだとしたら、それは代償行為だということになる。それではネコに失礼だ。

もし「人とつき合うのはめんどうだが、ネコとつき合うのはラク」だというなら、その愛情は一方通行なのである。どんな愛情も一方通行では成り立たない。成り立っていると思うのは錯覚《さっかく》でしかない。愛とは、お互いのキャッチボールであるべきなのだ。キャッチボールをしながらはぐくむものなのだ。

ネコに癒《いや》されるのはかまわない。だが、そこに逃げ込んだままになってほしくない。癒された心で人間社会を振り向いてほしい。ネコを愛することで、自分やほかの人間を愛せるようになってほしい。強くなってほしい。そして自分を見つめ直してほしい。

ネコが人になつき頼るのは、その人に愛情をもっているからだ。ネコが愛している自分を、自分が愛せないとしたら、ネコの信頼を裏切ることにしかならない。そんな愛情の中で暮らすネコが幸せかどうかは疑問だ。

ネコを飼うということは、ほかの“命”を愛することだ。自分の“命”を愛せない人に、ネコの“命”を愛せるとは思えない。

ネコを飼うということは、ほかの"命"を愛すること

夜中の運動会をやめさせてはならない

ネコの“命”を愛するということは、あるがままのネコを受け入れるということでもある。もし、ネコ特有の「夜中の運動会」を、「迷惑だからなんとかしたい。やめさせる方法はないだろうか？」と考えるとしたら、どんなにネコが好きだといおうが、その愛は一方通行というべきだ。

ネコは「夜中の運動会」をするものなのだ。やめさせる方法を考えるのではなく、騒々《そうぞう》しさにたえる方法を考えるか、いっしょに楽しむ方法を考える。それが、愛のキャッチボールというものである。ネコが家にいることで、人の暮らしは大きく変わる。その、“変わること”を受け入れて楽しむ。それが、ネコを愛するということである。

ネコは本来、夜行性の動物だから、夜に元気になるのである。もっともエネルギーがみなぎる時間帯、それが夜中の10時すぎだ。放し飼いのネコならば、外に出かけていくところだが、室内飼いのネコは狂ったように走り回る。それが「夜中の運動会」で、実にネコらしい行動なのだ。心おきなくさせてやろうと思う、気持ちのシフトが大切である。

室内飼いのネコの場合、成長とともに「夜中の運動会」はしなくなる。いずれ飼い主が寝るときにいっしょに寝始め、朝まで寝続けるようになる。飼い主のライフスタイルに合わせて暮らすようになるからだ。そのときに「ラクになった」ではなく、「夜中の運動会がなくてつまらない」と思えたら、愛のキャッチボールができているのだと思っていい。ネコという、人間とは違う動物の生きかたと人間の生きかたを足して2で割った暮らしができているのだと思ってかまわない。

夜中の運動会はなぜ起きるのか

ネコは夜行性の動物。
昼間は寝ている間にときどき起きる。
夜は起きている間にときどき寝るという暮らしが基本。

ときどき
ときどき

もっともエネルギーが爆発するのは夜ふけすぎ。
もうジッとしていられない!!

おやすみー
ふわぁ
元気だなァ
どこいくの？
こっちいくの？
ねるの？
ねぇ？
なになに
なにするの？
ソワ
ソワ
バタ
バタ

でもネコは持続力のない動物。
30分後にはくたびれて寝る。

09 ネコにはネコの価値観があることを知る

ネコを飼うと人は、ネコと人とを同一視しがちである。信頼しきって甘えてくる姿が、人の理性を失わせるからなのかもしれない。同一視することが愛情だと思ってしまうのかもしれない。

だがネコはネコであり、人間とは違う生き物だ。ネコにはネコとしての価値観があり、人には人としての価値観がある。ものの感じかたは、それぞれに違う。ネコを低く見ていっているのではない。"種"の違う動物はみな、それぞれの価値観をもっている。それは科学だともいえる。

たとえば、ネコが布団の上でオシッコをしたとする。人間にしてみれば、「とんでもない」ことである。つい、「悪いことをするネコだ」とか「いやがらせをした」と思ってしまう。だから怒る。だから叱《しか》る。

だがネコには、「布団の上でオシッコをしてはいけない」という発想はないのである。だから「悪いこと」をしたとは思ってもいない。さらに、オシッコでぬれた布団の処理は大変だという発想もネコにはない。だから、それが「いやがらせ」になるとは想像だにできない。

ネコには、布団の上でしかオシッコができない理由がなにかあっただけである。尿意という、せっぱつまった欲求をやっとはたせただけなのに、叱られ、ぬれた布団の前でワケのわからない怒声をあびる。理不尽だ。「悪いこと」と「よいこと」の基準は、人とネコとでは違う。叱られることが意味をもつのは、やった"本人"が、それを悪いことだと知っているときである。悪いことをしたと思わないのに叱られたら、性格がゆがむだけである。

ネコの価値観

ネコ
人
ペロ
ペロ
みせられないよ!
どれでもいいわ
カッコイイ

トイレのあとは、お尻を
"なめてきれいに"する。
人間には考えられない。

人前でも気にせず交尾。
ネコにとっては
"秘め事"ではない。

人が「おいしい」と思う
ものがネコにも「おいしい」
わけではない。

顔のよしあし、姿の
よしあしなどネコには
どうでもかまわない。

ネコは「たまには旅行に行きたい」とは思わない

「楽しい暮らし」の基準も、ネコと人とでは違う。人は、趣味やレジャーで「非日常」を求めるが、ネコは「いつもと同じ暮らし」を望む。人は、「たまには知らない土地に行ってみたい」と思うが、ネコは「知らない土地には行きたくない」と思っている。昨日が平和な1日だったなら、今日も昨日と同じ暮らしがしたい、そう思うのがネコなのだ。

ネコは自分のなわばりをつくり、その中で暮らす動物である。なわばりとは、なれ親しんだ場所であり、安心できる空間である。なわばりの中にいるかぎり、ネコはリラックスしていられる。なわばりの外にでたとたん、ネコは不安になり緊張する。

人は「適度な緊張感」をたまに望むが、ネコはできるだけ緊張せずにすごしたいと思っている。だから、よほどのことがないかぎり、なわばりの外にでようとはしない。でるとしたら、敵に追いかけられて逃げるときか、発情期にわれを忘れて異性を求めるとき、またはエサを求めて放浪せざるをえないときくらいだ。

そんなネコが、飼い主といっしょに旅行に行きたいと思うはずがない。イヌは飼い主とともにいることがいちばんの幸せだと思っているから、飼い主といっしょなら、どこへでも行く。だがネコは、住みなれた空間にいることがいちばんだと思っているので、飼い主が留守でも、自分の家にいることを望むのである。

ネコの価値観が人とは違うことを理解しなければ、そしてネコの価値観を守りたいと思わなければ、ネコに快適で幸せな暮らしを実現させてやることはできない。いかにネコとの絆が強くても、いかに信頼し合っていたとしても、ネコはネコの“人生”を生きていることを認める努力が必要である。

ネコは知らない土地に行きたくない

だから、病院に連れて行こうとすると鳴きわめく。病院がこわいのではない。安心できる家から連れだされることがこわい。

その証拠に「温泉に行く」といっても鳴きわめく。

↓

不安のあまり、「とにかく逃げよう」とする。知らない土地で逃げだしたら、迷子になるしかない。

10 自分が幸せでなければネコも幸せになれないことを胆に銘じる

ネコにかぎらず、動物は第六感がすぐれている。アフリカの草原では、満腹したライオンの近くを草食動物が平気で歩いているものだ。襲う気がないことを知っているからである。動物の第六感は、人間の言葉より正確な情報キャッチの手段である。

もし飼い主がいつもイライラしていたら、ネコはそれを敏感に感じ取って落ち着かなくなる。動物の第六感は、「精神不安定。ふいに攻撃してくる可能性あり」と判断するからである。

飼い主になにか悩みがあるときも、ネコはやはり落ち着かなくなる。安心とリラックスの空気が流れていないことを、敏感に察知するからだ。さらに甘えたい相手の気持ちが沈んでいれば、ネコにもその精神状態が伝染する。人間の子どもと同じく純真な心は、相手の気持ちに同調しやすいものなのである。

だから、飼い主はいつも幸せな気持ちでいるべきなのだ。イライラすることがあったとしても、ネコの前では気持ちを本気で切り替える。とりあえず、すべて忘れてスイッチを「ネコモード」にする。むずかしいことのように思えるが、何度かやっていると意外に簡単にできるようになる。このあたりは人間だからこその特技だといえる。そして、結果として自分が救われる。ネコに感謝しなくてはなるまい。飼い主がいつもおおらかな気持ちでいれば、ネコもおおらかな気持ちでいられる。そんな気持ちでいるネコほど自由闊達《かったつ》なふるまいをし、そしてそのふるまいが飼い主を笑わせたり、楽しい気分にさせたりする。それは幸せなことである。

飼い主が幸せであればネコも幸せになり、ネコが幸せでいることが、さらに飼い主を幸せにするのである。

ネコが幸せでいることが、さらに飼い主を幸せにする

へんがお写真館 Part.1

へんがおとは
心外ニャ…

なにか　に
似てるかニャ?

なになに?
おやつ?

第2章

快適な暮らしのための秘訣

この章では、ネコの生き物としての特性を理解して快適な食生活と生活空間を与えてあげるために、フードのあげかたから快適なトイレの置きかた、爪とぎのじょうずなさせかたまで、基本的な環境の整えかたを紹介します。

11　キャットフードの知識をもつ

動物はそれぞれ、食性が違う。違うからこそ、この地球上でともに生きていけるのだ。もし、すべての動物が同じものを食べるとしたら、いずれエサを食べつくし、動物たちも飢え死にする。エサとするものがさまざまに違うからエサ争いの必要がなく、同じ土地で共存できるわけである。

さて、食性が違うということは、必要とする栄養が違うということでもある。たとえば肉食動物は、ほかの動物の体を食べることでタンパク質を摂り入れる。草食動物は草や木の葉からタンパク質をつくりだす。純粋な肉食動物であるネコは、肉も野菜も食べる雑食動物である人間とは必要な栄養素が違う。人間と同じものを食べていたら栄養が偏って病気になる。人には人の栄養学があり、ネコにはネコの栄養学がある。飼い主は、ネコの栄養学を満たした食事を用意しなくてはならない。

ただし、それは人間の食事をつくるよりずっと大変なことである。そこで活躍するのがキャットフードだ。キャットフードはネコに必要な栄養を考えてつくられている。ネコを元気で長生きさせたいと願うなら、正しいキャットフードの知識をもったうえでじょうずに利用することが大切である。

昔のネコは“ネコまんま”(ゴハンにカツオブシや魚の骨を混ぜ味噌汁をかけたもの)をエサとしてもらっていた。だから栄養が足りず、長生きができなかった。寿命は5年程度だった。だが、現代のネコは15年前後生きるのがふつうになった。20才以上のネコも決してめずらしくなくなった。キャットフードの発達と普及が、それに大きな貢献をしているのである。

キャットフードのいろいろ

総合栄養食と表示されたもの

ネコに必要な栄養を過不足なく含むもの。
これと水だけでOK！ ドライフードのすべてと缶詰の一部が総合栄養食。

総合栄養食 キャットフード
水とともに本製品をお与えください

一般食、または副食と表示されたもの

ネコに必要な栄養を一定の基準で満たしたもの。
総合栄養食とともに与えるべきもの。缶詰やレトルトの多くがこれ。

一般食 キャットフード
（総合栄養食とともにお与えください）

他にも年齢別や体重で分けられているものや、

ジャーキー、チーズなどのおやつもある。

人とネコの味覚は違う

動物は、自分が必要とする栄養源を「おいしい」と感じるようにできている。「おいしい」と感じるから、その栄養源を食べたいと思うのだ。必要とする栄養が違う人とネコとでは「おいしい」と思うものも違って当然。つまり味覚が違うのである。

ネコは人よりも多くのタンパク質と脂質《ししつ》を必要とする。逆に、塩分は人ほど必要とはしない。また、炭水化物は摂取しなくてもかまわない。

試しに、キャットフードの缶詰をひと口、食べてみるといい。塩気が足りないと感じるはずだ。ネコが必要とする塩分が人よりも少ないからである。ネコにとっては「おいしい」缶詰が、人にとっては「おいしくない」。それが、味覚が違うということなのだ。ネコの味覚が劣っているからではなく、必要とする栄養が違うからなのである。

人が「おいしい」と思う味つけの大きなポイントは、塩分だ。だから、人が「おいしい」と思う味つけをしてネコに与えたとしたら、ネコにとっては塩分の摂りすぎになってしまう。塩分の摂りすぎが病気を招くことは、人もネコも同じである。

新鮮な刺身をネコにおすそわけするのはかまわないが、「しょうゆをつけたほうがおいしいだろう」と考えるのは間違いだ。ネコの味覚には合わないばかりか、病気の原因になってしまう。

「人がおいしいと思うものがネコにとってもおいしいはず」と考えるのは、人間の勝手な思い込みだ。勝手な思い込みは、ときに間違えた愛情につながる。「よかれ」と思ってしていることが、実は間違った愛情だったとき、ネコは幸せにはなれない。そしてネコの健康も守れない。

甘党のネコはいない

人は糖分をおもなエネルギー源とする。だから、砂糖の甘さが好き。疲れたときほど甘いものが食べたくなる。

ネコはタンパク質をエネルギー源とする。だから砂糖の甘さはわからない。

ネコが「甘い」と感じるのはタンパク質をつくっているアミノ酸の甘さ。エビやカニに含まれるのが甘いアミノ酸。だからネコはエビやカニが大好き。

あずきにもアミノ酸が含まれている。あんこが好きなネコがいるのは、砂糖の甘さではなくあずきの甘さに反応しているだけ。

12 「人の食べ物は与えない」を基本とする

人が食事をしているとき、ネコがそばにいっしょにいたら、「少しあげよう」と思うのは人情かもしれない。ネコがニオイをかぐだけで食べなかったら、「じゃ、こっちなら食べる？」とほかのものをさしだす気持ちもわからなくはない。だが、そんなことをしていると、ネコは人の食事に“参加”することが習慣になり、いつもほしがるようになる。それは、人間用に味つけをされたものを食べる習慣ができるということなのである。ネコの栄養学的に考えると、塩分の摂りすぎになってしまう。

塩辛いものを食べ続けていると、より塩辛いものを「おいしい」と感じるようになるのは、人もネコも同じだ。味覚が狂うといってかまわない。おなかがいっぱいでも目先の変わったものなら食べるのも、人と同じだ。その結果、人は高血圧に、ネコは腎臓《じんぞう》病になる可能性が高くなる。もともとネコは、年をとると腎臓を悪くすることが多い。だのに塩分を摂りすぎていたら、ますます危険性は高くなる。そして実際に腎臓が悪くなったら、病院で「人の食べ物を与えないでください」とかならず言われる。だが、人の食事に参加する習慣のついたネコに、それをやめさせるのは想像以上にむずかしい。“ねだり攻撃”を無視しながらの食事では、誰も落ち着いて食べることなどできなくなる。

最初から、人の食べ物は与えない習慣をつけておくべきなのだ。そうすればネコは、人の食事に無関心でほしがりもしないものである。刺身をひと切れあげたいときは、食卓からではなく台所からネコの食器に分けるようにする。食卓を人間だけのものにすることは、ネコの健康を守るための基本である。

ネコの肥満も「おすそわけ」が大きな原因

十分にキャットフード
を食べているのに、
おすそわけ。

目先の変わったものなら、
ちょっと食べたい。
もっと食べたい。

飼い主のおやつも
おすそわけ。
おやつ系ならいくらでも
食べるのは人間の子ども
と同じ。

その結果は、
食べすぎによる肥満！
ダイエットはとても
むずかしい。

ネコはニオイで食べ物を判断する

人の食べ物をネコに食べさせるのはよくないことはわかっているが、キャットフードを食べないからつい……、という人もいる。確かに、ネコがエサを食べないと飼い主は不安になるものだ。なんでもいいから食べてくれると妙に安心するものでもある。だがその結果、ネコはますます味にうるさくなり、ますますキャットフードを食べなくなる。悪循環だ。

スーパーやペットショップのペットフード売り場を見ると、ドッグフードの棚よりもキャットフードの棚のほうが格段に広いことに気がつくと思う。キャットフードのほうが、味の種類がたくさんあるからで、いかにネコがより好みをしているか、いかに飼い主がそのより好みに困っているかということだろう。

十分な食事を与えられているネコほど、同じキャットフードを与え続けると飽きて食べなくなってくる。味の種類を変えると食べるが、それもまた食べなくなる。「こんなに種類があるのに、うちのネコが食べるフードがない」となげく人もいる。

何種類かのものを定期的に変えて、回していけばいいのである。飽きて食べなくなった種類でも、月日がたてばまた食べる。また、ネコが食べるか食べないかを決めるのはニオイがということを、忘れないでほしい。ネコは味よりもニオイなのだ。

ドライフードの封を切ったら、ビンなどに入れて密封する。入りきらないぶんを冷凍庫で保存するのもいいが、一度に大量に買わないほうが賢い。缶詰も、一度で食べきるサイズを選ぶのがいい。また冬は、缶詰を電子レンジで人肌まで温めるとニオイがたつのでよく食べる。ニオイをたたせるためのちょっとした工夫で、ネコの食生活を改善することは可能である。

ニオイを大切にする工夫

ドライフード

2〜3匹なら、小袋に分けてあるものを買う。

開封したらビンに入れて密封。1週間以内に使いきるくらいの量。

ビンに入りきらないものは密封して冷凍。自然解凍でOK。

缶詰

1度に食べきるサイズのものを。

冬場は人肌程度にチンして与える。

13 ドライフードはいつでも食べられるようにしておく

缶詰やレトルトのキャットフードは、ドライフードより「おいしそう」に人間には見える。だが、ドライフードのほうが好きで缶詰はほとんど食べないネコも少なくない。ドライフードは総合栄養食であるし、歯に食べかすが残ることが少ないので、歯周病の予防にもなる。ドライフードのほうが好きというネコならば、缶詰を用意する必要はない。ドライフードときれいな水だけで、十分に健康を維持できる。

一方、缶詰のほうを好む場合は、できるだけ「総合栄養食」と表示されたものを選んでほしい。「それは食べない」という場合は、ドライフードもいっしょに与えよう。朝と夜に缶詰かレトルトを与え、ドライフードはいつでも食べられるようにだしておくのがいい。缶詰やレトルトは腐りやすいので、食べ残しを早めに片づける必要があるが、ドライフードなら長時間だしておける。缶詰やレトルトは、その約80%が水分だから、食べた直後は満腹しても、すぐにおなかがすいてしまう。そのときにドライを食べてもらおう。水はかならず置いておく。ドライフードの水分は約10%だから、かならず水が飲みたくなる。昼間、留守にする家庭でも、こうしておけば安心である。ただし、時間がたってニオイがとんでしまうと食べなくなるので、毎朝、食べ残しを捨てて新しいものをだすことが大切だ。

早朝に、食事の催促《さいそく》でネコに起こされるという場合も、ドライフードをだしておけば解決する。いつでも食べられるようにすると、ネコが肥満になるというものでもない。健康なネコは、自分の食べるべき量を知っているものである。

ドライフードは水とセットで与える

缶詰の水分は約80%。
だから缶詰ばかりを食べる
ネコは、あまり水を
飲まない。

水分80%だから、
すぐにお腹がすく。

ドライフードの水分は約10%。
かならず水が必要。
腹もちもいいし、値段も
安い。ドライフードは経済的！

ドライフードは　いつでも
食べられるようにしておこう。
朝早くに起こされること
もなくなる。

ネコの食欲には波があるもの

十分な食事を与えられているネコほど、食欲に波がある。気持ちがいいほどに、よく食べる日があるかと思えば、まるで食べようとしない日がある。そんなとき、飼い主は「じゃ、これなら食べる？」と高い缶詰を開けたりするが、あまり意味のあることではない。開けた缶詰のすべてがむだになるか、ネコがぜいたくになるかのどちらかになることが多い。

食欲がないときは、ネコの様子を注意して観察する。そして、いつもと変わらず元気ならば、放っておいてかまわない。翌日にはモリモリ食べるはずである。「いつでも食べられる」という幸せな環境にいるネコには、よくあることである。

野生のネコは、狩りをしたときにドカ食いをし、狩りに失敗したときは空腹のまますごす。その意味では、もともと「規則正しい食事」などしていない。本来、ムラ食いをする動物なのだ。

ムラ食いのせいで食欲のないネコに、なんとかして食べさせようと次々と目先の変わったものをだせば、ネコは食べるかもしれない。だがそれは、P55のように肥満の原因になることもある。食欲がないときは、食べさせる努力をするのではなく、注意深く体調をチェックすることのほうが、まず大切なのである。

捨てられて、エサを求めて放浪を続けてきたネコは、保護されたとたんに、驚くほど食べる。人の顔を見るたびに食べ物をねだり、与えても与えても食べ続ける。慢性的な飢餓状態が、「食べられるときに食べておかなくては!!」という精神状態にさせるのだろう。頭の中は食べ物のことでいっぱい。その哀れさを考えると、ムラ食いをするネコのなんと幸せなことかと思う。「今日は食べたくない」、幸せなことである。

ノラネコを保護すると…

ニャ〜
ニャ〜
人になれてる。捨てられたんだね。かわいそうに…。
さあ、お食べ
ガツ
ガツ
ガツ
ニャー ニャー
そんなに食べたら下痢するよ
外食にするか
ニャー
ガタ
ニャ ニャ
ガタ

目がさめるたびにエサを催促。人の顔をみるたびにエサを催促。

え?これじゃいやなの?
!……!

そんなネコも1ヵ月もたつとムラ食いを始める。
飼いネコにもどった証拠?。

14　快適なベッドを工夫する

飼いネコは、1日のうちの20時間近くを寝てすごす。だからベッドは必需品だ。とはいうものの、最初から準備するべきものではない。ベッドに関するネコの好みは、“かなりウルサイ”からである。ペットショップで買ってきても、使ってくれないことがある。それはゴミを増やすだけである。いっしょに暮らしながらネコの性格や好みを見きわめて、それからベッドを用意するのがむだのないやりかたである。

基本的には、体がスッポリと入るようなところをネコは寝場所として好む。野生時代、木のウロや岩のすき間などに入り込んで寝ていた“警戒心のなごり”だ。もっとも好むのは“袋状”のもので、出入口に顔を向けてもぐっているのが好きだ。安心できるからである。

ただし、飼いネコの警戒心には程度の差があり、どのくらいの安心度を求めるかがネコによって違っている。その違いが、ベッドの好みとして表れる。だから、いっしょに暮らしてみないと、どんなベッドがいいのかがわからないというわけだ。

市販のベッドは利用しないのに、洗面所の脱衣カゴは好むネコがいる。ソファーのど真ん中を好むネコもいる。イスの上が好きなネコもいれば、押し入れの布団にうもれて寝るのが好きなネコもいる。要するに、専用ベッドが必要ないネコも少なくない。

ネコの好みを見きわめたうえで、カゴなどを利用してベッドを手づくりするのもいい。またはネコが好む場所を、ネコの寝場所として明けわたし、タオルなどを敷いておく。これが、最良のネコのベッドづくりである。

ネコが好む寝場所、その心理

出入口ひとつは確かに安全。でもそれは自然界でのこと。紙袋じゃ、後ろからも襲われる。でも、ネコにはそんなの関係ない。

ネコが好むベッドづくりの一例

ママ、見て!
変わった脱衣カゴだね♡
そうね
もう仕方ないわ

好みの寝場所は定期的に変わる

ネコの昼寝場所には、マイブームがあるかのようだ。たとえば毎日、ネコ用のベッドで寝ていたかと思うと、ある日をさかいに毎日、窓際のイスの上で寝るようになる。次には毎日、玄関の下駄箱の上といったぐあい。日替わりで変えるということは、あまりない。さらに、マイブームが去って以降、二度とそこを利用しないこともあれば、また復活することもある。季節による快適度があるのはわかるが、それだけでもない。律儀《りちぎ》なのか、気まぐれなのか……、そこのところはよくわからない。

わかるのは、ベッドは1つではダメだということだけである。ネコに快適な寝場所を提供しようと思うなら、ベッドを複数、いろんな場所につくるのがいい。ネコが複数の場合は共有もありなので、頭数が多くても家じゅうがネコのベッドだらけになる心配はない。そして「最近、このベッドは利用しないから」と片づけてしまってはならない。ブームの再来ということもある。

さらに、「むだなスペース」をあちこちに空けておく必要もある。寝るスペースがなければ、ネコの自由なベッド選びはできないからだ。本棚は、むだに一段、空けておこう。タンスの上に、物をゴチャゴチャと置くのもやめよう。そしてネコがその空いたスペースを寝場所に選んだら、寝心地がいいようにタオルなどを敷いてあげよう。

ちなみに、ベッドや昼寝場所に敷いてあるタオルなどは、定期的に洗濯しよう。衛生面の問題もあるが、ネコは洗いたての布が好きなのだ。洗ったタオルを敷いただけで、昨日まで使っていなかった場所に寝るようになることもあるほどだ。ネコのベッドは、クォリティ・オブ・ライフの重要な要素である。

ネコはベッドをいくつも使う

15　トイレ砂をじょうずに選ぶ

ネコを室内飼いにすると、かならず必要になるのはトイレとトイレ砂と、トイレの掃除だ。放し飼いに比べると、お金も手間もかかるが、飼い主としての義務と責任のうちである。放し飼いのネコは、他人の庭でウンコやオシッコをしていると考えていい。特に都会ではそうだ。赤の他人がウンコを片づけ、ニオイを消すためにお金を使っているとしたら、それに知らん顔はあまりにも無責任。トイレ砂を買い、毎日トイレ掃除をすることで、飼い主としての責任をはたす幸せを感じることができるというものである。

さて、トイレ砂にはさまざまな種類があるが、大きく分けると、「燃やせるゴミになるもの」と、「燃やせないゴミになるもの」とがある。頭数によってゴミとなる量も違うし、住む地域によってゴミの回収形態も違う。庭にうめることのできる場合もあるだろう。それらの条件によって、どちらのタイプが便利かを考えるのがいい。

タイプが決まったら次に、商品それぞれの利点を考える。ぬれた部分が固まるもの、オシッコは吸着するのでウンコだけ取ればいいというもの、洗って使えるもの、水洗トイレに流せるものなどがある。

あとは、実際に使ってみることである。消臭効果や固まりぐあいのほか、粒が軽すぎて飛び散るとか、くだけた粉がまうとか、ネコがいやがるといったことは、実際に使ってみないとわからない。トイレの形状や家庭環境によって使い勝手はそれぞれに違う。何種類かを試してみるのがいい。新しい商品を見つけたときも、試してみるのもいい方法である。

いろいろなトイレ砂

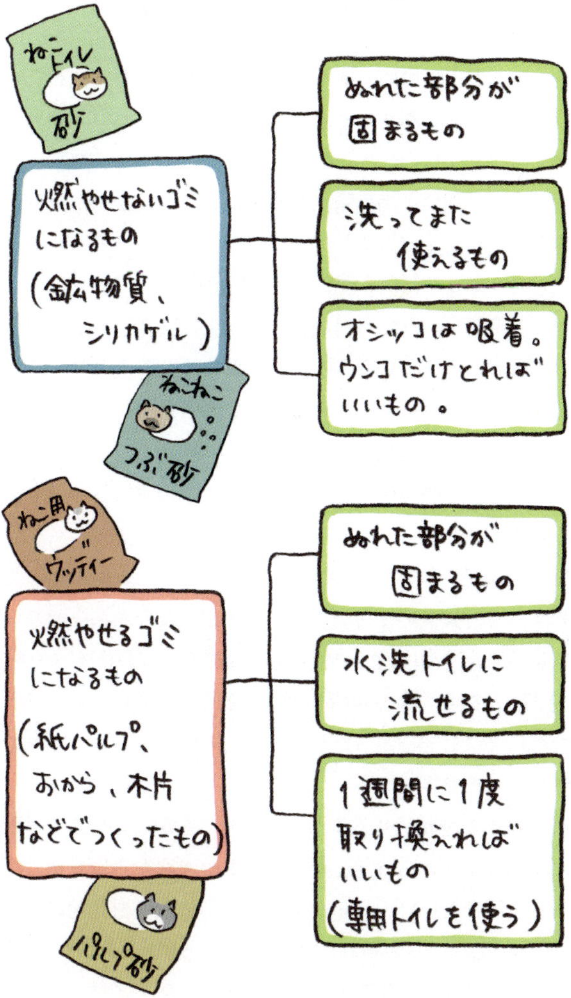
ねこトイレ砂
燃やせないゴミになるもの（鉱物質、シリカゲル）
ぬれた部分が固まるもの
洗ってまた使えるもの
オシッコは吸着。ウンコだけとればいいもの。
ねこねこつぶ砂
ねこ用ウッディー
燃やせるゴミになるもの（紙パルプ、おから、木片などでつくったもの）
ぬれた部分が固まるもの
水洗トイレに流せるもの
1週間に1度取り換えればいいもの（専用トイレを使う）
パルプ砂

トイレの置き場所を考える

トイレに入っている姿は人に見られたくない。それはネコも同じだろうと思いがちだが、それは考えすぎである。もしそうなら、トイレのあと、人の顔の前で大胆にお尻をなめたりはしないはずだ。誰にもじゃまをされず、安心して用を足したいとは思っているが、飼い主に見られたくないとは思っていないと確信している。ネコにとって飼い主は危険な存在ではないのだから、見られても不安とは縁がなくて当然だろう。

「見られたくないはず」と思うと、洗面所のすみなどの「人から見えない」場所にネコのトイレを置くことになるが、これではネコの健康管理が心もとない。トイレはネコの健康管理の第一歩。それには、"でた"あとのオシッコやウンコの状態をチェックするだけでは足りないのだ。"している最中"も、大切なチェックポイントなのである。そのためには、人から見える場所にトイレを置いておく必要がある。

最近のトイレ砂の消臭効果はすぐれているものが多いので、居間のすみなどに置いておいてもニオイが気になることはない。トイレに入るときの様子、"使用中"の様子、"使用後"の様子が、"片手間で"観察できる場所に置くことをすすめたい。トイレに入ったのになにもでなかったという最大の危険信号は、これでなくてはキャッチできない。

落ち着いて用が足せるような場所で、人からも見える場所。客人のすわる場所からは見えないが、家の人間からは見える場所にトイレを置くといい。トイレの観察は病気の早期発見に役立つだけではない。ネコそれぞれにクセがあり、見ているとけっこう、笑える楽しい時間でもあるのである。

健康管理のためのトイレの観察

オシッコがしたいのにでないのは、
猫泌尿器症候群など
の疑いあり。すぐ病院へ！
きばるのにウンコがでない
のも問題。

でも健康なネコのトイレ観察は

プル
プル
ユラーー
ユラ
シャーー
プリ
プリ
キュ
キャハハハハ
オイ

へたなお笑いよりよほど笑える(笑)

16　トイレのトラブルを解決する

ネコは、排泄場所を選ぶときの条件がはっきりしている。それは、簡単にトイレのしつけができることにつながる。トイレ砂の入ったトイレさえあれば、床や畳の上ではなくトイレを選ぶからである。1〜2度、トイレに誘導するだけで簡単に覚え、以後はかならずトイレを使う。

ところが、突然トイレを使わなくなることがある。風呂場のマットや布団の上などでやってしまう。これがトイレトラブルだ。叱ってもまったく意味はない。ないばかりではなく悪化さえする。なぜトイレを使わなくなったのか、その原因を探しだして排除する以外に解決策はない。

排泄場所としての条件がはっきりしているということは、条件が満たされなくなったら使わないということでもある。では、どの条件が満たされなくなったのかということになるが、それを見つけるのは意外にむずかしい。気づかないままに条件が満たされていたということもあるからだ。

考えられる原因を1つずつ取り除いてみる。それが解決策である。トイレ砂が気に入らないのか？ と思ったら、トイレ砂を変えてみる。効果がなければ、トイレ砂が原因ではない。では場所に問題があるのか？ と、次はトイレの場所を変えてみる。やはり効果なしなら、それも原因ではないことになる。そうやって、原因探しを続けていく。トイレの近くになにげなく置いたものが、ネコを不安にさせていたということもある。ささいなこともすべて、「原因かもしれない」と疑ってみることが必要だ。ネコは意外に繊細で神経質な生き物でもあるのである。

トイレのトラブルが起きたら

①絶対に叱ってはダメ。ネコは、「この人、凶暴」と思うだけ。

②足が痛くてトイレに入れないのかも。ケガなどをしていないかチェックする。

③病気かも。オシッコの状態や回数をチェック。おかしいと思ったらすぐ病院へ。

④原因かもと思えるものをひとつずつ排除してみる。

トイレトラブルには精神的な原因もある

健康上の問題もない。物理的な原因も考えられないとなったら、あとは精神的な原因を疑うしかない。なんらかのストレスが原因になっているのだ。

まず飼い主の家庭を考えてみる。最近、飼い主がイライラしていないか？ ネコを放ったらかしにしていないか？ 甘ったれで依頼心の強いネコは、それが精神不安定の原因になる。精神不安定の結果のトイレトラブルかもしれない。

多頭飼いの場合は、ネコどうしの関係が原因になっていることもある。仲がよかったネコどうしでも、成長や加齢とともに関係は変わる。そして、ほかのネコがいることが大きなストレスになる場合や、特定の"誰か"がストレスの原因になる場合がある。ネコは「きらいなヤツ」を無視するだけでケンカをするわけではないので、飼い主にはその「関係悪化」が、わからないことが多いのだ。トイレトラブルに加えて、去勢手術をしてあるのにスプレーをするという場合なら、まずネコどうしの関係が問題だと考えていい。

この場合、トイレの場所を別々にしてみるのも方法だが、いちばんいいのは、ストレスを感じているネコ専用のケージを用意することだ。中にトイレが置け、食事もできるくらいの広さのケージで暮らせるようにすれば、ストレスや不安材料から解放されて落ち着ける。

ネコどうしの関係は変化し続けるのだから、一度ケージ暮らしを始めたら、一生ケージ暮らしになってしまうということはない。扉を開けておいて、入りたいときだけ入るという方法もある。いずれにしろ、ケージの中にいるほうが好きだというネコもいるのは確かである。

トイレのいろいろ

かきだし防止のため、へりが高くなっている。

ジョ〜

ム

フードつき。入口は2とおり。

横バージョン

自動で掃除をしてくれるタイプ。

ザザザザ
横
回転

でたー

足についたトイレ砂をとってくれるマット。

17 クシ入れを日課とする

短毛種、長毛種にかかわらず、子ネコのときから毎日、クシ入れを行って習慣づけておくことは大切だ。クシ入れ大きらいネコのまま育ってしまうこともあり、そうなると換毛期に大量の抜け毛が家じゅうに散らばってしまうことになる。長毛種の場合は毛がもつれて毛玉にもなる。換毛期は、春と秋にやってくる。春は、冬毛が抜けて夏毛に替わる。秋には夏毛が抜けて冬毛に替わる。冬毛が抜ける春の換毛期のほうが、抜け毛の量は格段に多い。クシ入れをして抜けそうな毛をどんどん取り除いていかないと、あっという間に家じゅうが毛だらけになる。

ネコが首をかくたびに、煙のように毛がまいあがり、その毛は食べ物や飲み物の上にまいおりる。ネコを抱くと服は毛だらけ、鼻はムズムズ、部屋のすみには綿ボコリのようにコンモリと毛がたまる。およそ快適な暮らしとはほど遠い。家じゅうに毛が散らばってから掃除するより、ネコの体から毛が落ちる前に取り除いたほうがずっとラクというものである。

抜け毛だけの問題ではない。毎日のクシ入れには、健康チェックの役目もある。体をくまなくさわることで、異常を見つけることができる。痛がるところがあったり皮膚に異常があったりすれば、いやでも気づくはずである。クシ入れによる皮膚のマッサージは、血行もよくしてくれる。

クシ入れが大好きなネコに育てれば、クシ入れをすることが愛情交歓の時間にもなる。飼い主がクシをもっただけで、大喜びで飛んでくるようなネコに育て、家の清潔とネコの健康と愛情を確保してほしいものである。

換毛のしくみ

秋の換毛

夏毛が冬毛に変わる。フワフワの綿毛がたくさんはえて断熱材になり冬にそなえる。

シャムには綿毛がない。

春の換毛

フワフワの綿毛がゴッソリと抜けて夏毛になる。だから抜け毛の量がハンパではない。

ステンレス製のノミとりグシだと静電気が起きにくい。

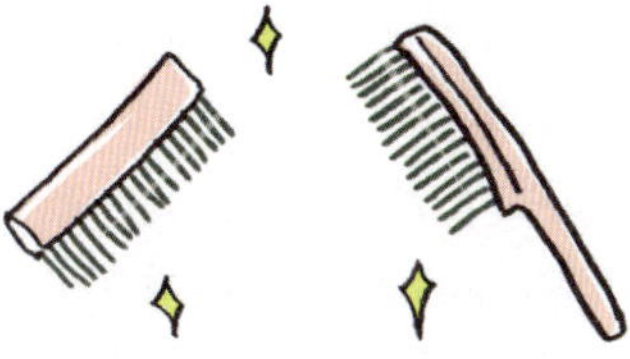

掃除のしやすい環境づくりをする

換毛期、特に春の換毛期には日に最低2回のクシ入れが望ましい。だが、それでも抜け毛は空中をまい、いずれは床の上に落ち、人が歩くときに起きる風によって部屋のすみに“吹きだまり”ができる。

抜け毛に悩まされない快適な暮らしを望むなら、こまめに掃除をすることも大切だが、その前に「掃除のしやすい環境づくり」をするべきだ。掃除がしやすければこそ、こまめな掃除はできるのである。

まず床だ。カーペットは毛がこびりつきやすい。畳かフローリングがラクである。次に家具の配置だ。家具と家具の間にすき間があると、その隙間に毛がたまる。だから、毛が入り込まないよう家具どうしをピッタリとくっつけるか、もしくは掃除機がラクに入るくらいの間隔を開ける。中途半端なすき間では、毛はたまるが掃除ができないという最悪の状態になる。

さらに、床にこまごまと物を置かないことだ。掃除のたびにものを動かすのはめんどう。めんどうだからと、動かさないままの雑な掃除では、“吹きだまり”からは解放されない。

「汚なくても気にしなきゃいい。掃除なんかしなくても死ぬわけじゃない」と言う人がたまにいるが、それは考え直したほうがいい。どんな動物であれ、飼育の基本は「清潔な環境を求める精神」である。それに、室内飼いのネコであってもノミがつくことはあるのである。そのノミが生んだ卵は床に落ち、幼虫になってホコリの中でサナギになる。掃除をしない家ではノミの大発生の可能性あり。放し飼いならなおさらである。ノミが大発生したら、「死ぬわけじゃない」などとは言っていられない。

ラクに掃除ができる工夫

せっ
せっ
コロ
コロ
コロ
フリースはすべてネコ用！

床にゴチャゴチャとものを置いたら、掃除がやりにくい。家具と家具のすき間にも注意。

モップ式の科学雑巾があれば、もっとこまめに掃除ができる。

ロール式の粘着テープを手近に置いておき、気づいたらコロコロ。

ネコの昼寝場所には毛のつきやすい布を敷く。人は毛のつきにくい素材を着る。

18 長毛種はときどきシャンプーをする

短毛種のネコには、シャンプーをする必要は基本的にない。自分で体をなめるセルフグルーミングで十分だからだ。動物はみな、それぞれに自分の体をきれいにする方法を生まれつきもっているもので、ネコの場合は体をなめることなのだ。ましてネコは、自分の体にニオイがあることを特にきらう動物だから、よほどのことがないかぎり臭くなることもない。ネコにおまかせでOKだ。

ただ長毛種は、品種改良によって毛が長くなったものであり、ネコが本来もっているグルーミング能力だけでは間に合わない。だから、シャンプーという方法で飼い主が手伝うわけである。

とはいうものの、人間のように毎日とか1日おきにシャンプーをしたのでは、毛や皮膚に必要な油まで取り去ってしまうので、健康によくない。シャンプーの回数が多すぎると、毛がパサパサになり肌も弱くなる。“脂性”のネコなら別として、初夏に一度、夏の終わりに一度程度で十分である。気温が低く、かつ毛の乾きにくい冬にシャンプーをするのはよくない。ぐあいの悪いときも、予防注射の前後2週間もダメとなると、こんなものだろう。

シャンプー剤は、かならず動物用を利用する。お湯は体温と同じくらいの温度にし、シャンプー後は乾いたタオルでよくふく。ドライヤーは、よほどなれているネコでないかぎり、音を怖がることが多い。やけどをさせないような技術もいる。どうしても家でシャンプーをするのは無理という場合は、ペットショップや動物病院でやってくれるところを探すのがいい。

それ以外は、蒸しタオルで毛をふくか、汚れた部分だけを洗うようにするといいだろう。

短毛種にシャンプーの必要はない

ネコは体をなめてきれいにする。

食事のあとやトイレのあとで毛づくろいをするのは、汚れとニオイをとるため。

でも、長毛種は先祖代々の毛づくろい能力では無理。

だから、ていねいなクシ入れとシャンプーで飼い主が毛づくろいを手伝う必要がある。

長毛種ほど毛玉を吐く

ネコは、食事のあとやトイレのあとに体をなめる。そのときに抜けた毛を飲み込んでしまう。飲み込んだ毛は、ウンコに混じってでてくるものもあるが、胃の中にたまって毛玉になることもある。そして、その毛玉をときどき吐きだす。短毛種も長毛種も毛玉を吐くが、長毛種のほうがひんぱんに吐く傾向がある。飲み込んだ本数が同じなら、長毛種のほうが量が多くなるからだ。

毛玉をうまく吐きだせていれば問題はないのだが、たまに、うまく吐きだせないまま、胃の中にたまってしまうことがある。吐きだすこともできず、かといって腸に流れてもいかず、毛玉が胃を占領してしまうと、ネコはなにも食べられなくなり衰弱する。毛球症《もうきゅうしょう》といわれる病気で、こうなると手術をするしかない。

胃の中に毛玉ができること自体は異常ではないが、うまく吐けないのが問題なのだ。毛玉対応のキャットフードを利用するのもいいが、毎日のクシ入れ、特に換毛期のこまめなクシ入れで脱け毛をできるだけ取り除き、まずは大きな毛玉ができないように配慮しよう。長毛種はシャンプーを換毛期に合わせて行い、抜け毛を取り除くのも方法だ。

また、「ネコの草」を部屋に置いておき、食べたいときに食べられるようにしておこう。「ネコの草」はイネ科の草で、細くて長い葉の先がとがっている。とがった部分がネコののどを刺激して、毛玉が吐きやすくなるといわれている。

「ネコの草」は、種から育てられるものがペットショップで売られているほか、花屋さんにも、すでに育ったものが「ペットグラス」などの名で売られていることがある。1週間ほどで枯れてしまうが、日なたにだしておけば、また芽がでてくる。

ネコが毛玉を吐くとき

ケコッ
ケコッ
じゅうたんの上に!

毛玉といっしょに食べたばかりのゴハンも吐くことがあるのが問題。掃除が大変。

ゲーーー
ナイスキャッチ!!っ

新聞紙で受けるにはコツがいる。15cmくらいは飛ぶ。

毛玉対応のフードもあるが、それでも吐く。

ゲーー
毛玉を吐かないよ!

ネコの草を置いておこう。室内飼いは特に必要。毛玉が吐きやすくなる。

ブラッシングとネコの草
で対応!

19　事故防止策を考えておこう

人間の幼児と同じで、ネコもいろんなイタズラをする。事故やケガが起きないような配慮をしておく必要がある。

事故防止として、もっとも気をつけたいのは、風呂場だ。水をはったバスタブにネコが落ちたら、はいあがろうとしても爪がひっかからないので無理だ。ふだんは空《から》のバスタブに、たまたま残り湯が入ったままフタをしていなかった、などということのないようにしなくてはならない。空のつもりで飛び込んだら、フタがあるつもりで飛び乗ったら……、考えただけでゾッとする。フタがしてあっても、ネコの重みで落ちることもある。残り湯があるときは風呂場のドアを閉めて、ネコが入れないようにしておこう。

また、電気器具のコードをかじるクセのあるネコの場合は、コードにカバーをするなどの処理をしないと、感電の危険性がある。背のびをしてなにかに手をかけるクセのあるネコの場合は、ボタン式のガス台のロックをかける習慣をつけよう。ネコが手をかけて火がついてしまったら、火事になる危険性もある。

若いネコほど好奇心が強いので、思いもよらないことをするものだ。石油ストーブの上に飛び乗ってしまったり、ガスストーブに足をかけたり、なにをやるかわからない。筆入れに差してあるボールペンや筆をくわえだして遊ぶネコにも、注意が必要だ。くわえたまま机から飛びおりたりすると、非常に危ない。

ネコのクセがわかるまで、取り越し苦労だといわれるほどの注意をするにこしたことはない。ときに留守をするときは想像力を働かせ、危険かもしれないと思えるものは排除しておくことが、大切である。

危険防止策いろいろ

ゴボゴボ…

お風呂

かならず水をぬくか、
入口のドアをしめておく。

ガス台

押すと火がつくタイプ
のものはロックを
かける。

ロック

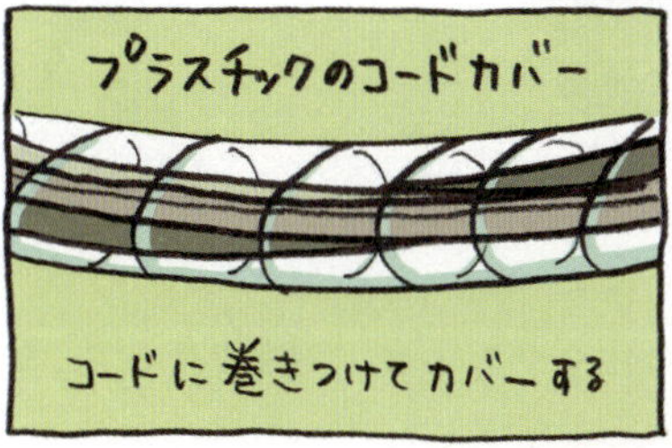
プラスチックのコードカバー
コードに巻きつけてカバーする

コードは隠す。
またはカバーを
かける。

ストーブは
柵で囲う。

やかんを
置くと上に
乗れない
シュン
シュン

中毒を起こす植物もある

身近な植物でも中毒を起こすものがある。
観葉植物にも注意が必要

アサガオの種

嘔吐《おうと》、下痢、
血圧低下

アイビーの葉

嘔吐、下痢

ポインセチアの葉

嘔吐、下痢

モンステラ（ホ

エレファントイヤー
（アンセリウム、カ

オダマキの全草、と

「動物が出合う中毒」
（財）鳥取県動物臨床医学研究所より抜粋

…ウライショウ）の葉

皮膚かぶれ、
腎毒性《じんどくせい》

フィロデンドロンの葉

皮膚かぶれ、
腎毒性

…ラジウム）の草液

嘔吐、口腔や
のどの炎症

トマトの葉、茎

皮膚かぶれ

…とくに種子

皮膚のかぶれ、
口腔内炎症

ゴクラクチョウカの全草

嘔吐、下痢

クリスマスローズ

嘔吐、下痢、血圧低下、
心臓マヒ

20　定期的に爪を切る

室内飼いのネコは、定期的に爪を切ったほうがいい。室内だけの生活には、とがった爪はほとんど必要がない。それよりも、カーテンなどに食い込んで取れなくなる危険性のほうがずっと高い。爪が食い込むとネコはやみくもにもがくので、爪や体にカーテンが巻きついて、けっこう大変なことになる。へたをするとケガをする。助けだそうとしても、まるで協力体勢なしで暴れるばかり。へたをすればネコも人もケガをする。

また、抱いたときなどにネコが暴れると、飼い主の体に爪が食い込むこともある。爪が食い込んだままのネコがぶらさがる……、かなり痛い。ちょっとした治療やシャンプーをするときのことを考えても、爪は切っておいたほうが無難である。

ただし、放し飼いの場合は切ってはならない。ネコは「今日、爪を切ったから、塀や木にはよじ登れない」という発想はない。いつもと同じように、それができると思っている。そしてイザというとき、いつものように塀や木によじ登って逃げようとしたら、ズルズルと落ちる。家の庭でこれをやったら笑えるだけだが、家の外でこうなったら、死と隣り合わせということになりかねない。

爪を切るには、ちょっとしたコツがあるものの、なれてしまえば簡単だ。スキンシップの一環として、こまめなチェックと爪切りをしよう。特に老齢のネコは、爪とぎの頻度が減るせいで新しい爪への更新が遅れ、爪がどんどん太くなり、かつ大きく湾曲してしまうことがある。湾曲した爪はいずれ、肉球に食い込むことにもなる。若いネコよりも、さらにこまめな爪のチェックが必要である。

ネコの爪がのびるしくみ

ネコの爪はソフトクリームのコーンをいくつも重ねたようなつくり。

内側から新しい爪がどんどんできてくる。

1番外側の爪は、徐々に磨耗する。

爪とぎをすると、1番外側の爪がはがれる。

下にある新しくてとがった爪が現れる。

爪切りをきらうネコ対策

ネコの爪の根もとあたりには血が通っている。白い爪だと、その部分はわかりやすい。根もとのあたりの不透明な部分、そこが血の通っているところだ。その部分まで切ってしまうと、当然のことながら出血するので気をつけよう。黒い爪の場合、不透明な部分がわかりにくいので、特に注意が必要だ。

ペット用の爪切りには、ハサミ型のものや、血が通っている部分がわかるようにライトがついてものがあるが、人間用の爪切りでも十分に代用できる。爪を左右からはさむかたちで切ればいい。

ただし、どんな爪切りを使おうと、切ろうとすると必死で抵抗するネコはいるものである。爪切りを見たとたんにブッ飛んで逃げてしまうネコもいる。1〜2本までは切らせるが、それ以上やろうとすると、かみついたり大暴れをしたりするネコもいる。

まずは、ネコをガッチリと押さえ込まないようにすることだ。爪切りよりも、ガッチリと拘束されることのほうに恐怖感を感じ、以後、ますます爪切りがきらいになる。「なにがなんでも切るぞ」という意気込みもよくない。その殺気のほうがネコは怖い。

大切なのは、ゆったりとした気分だ。グッスリと眠っているネコになにげなく近寄って、殺気を消して手早く切る。ネコが目を覚ました瞬間に、サッと手を引き爪切りも隠し、知らん顔。そして、その日の爪切りはおしまいにする。翌日も同じようにして数本切る。そうやって何日かかけて全部の爪を切るのがいい。

ただし、どの指の爪切りが終わっているのかを、ちゃんと覚えておかなくてはならない。「どこまで切ったっけ？」などと確かめていたら、1本も切らないうちにネコが目を覚ます。たかが爪切り、されど爪切りなのである。

血が通っている部分を見きわめる

切っていいのは、
血が通っていない部分

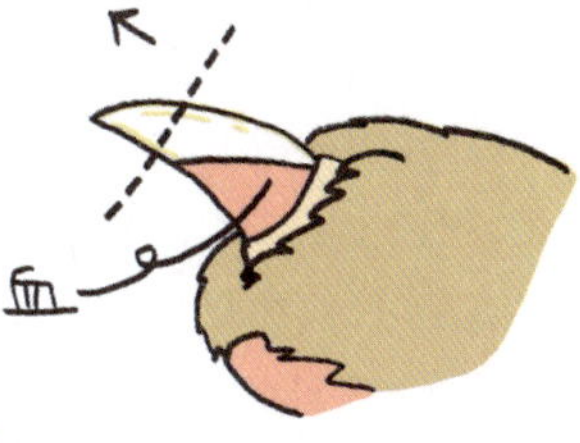

爪切りをきらうネコは…

眠っているネコに
殺気なしで
近寄る。

ネコが気づいたら
知らん顔。
爪切りは中止。

次の爪切りのために
どの爪を切ったのか
ちゃんと覚えておくべし！

21　爪とぎ器をじょうずに選ぶ

ネコの爪をこまめに切っても、ネコは毎日、爪とぎをする。爪とぎ行動は本能としてインプットされているので、切ろうと叱ろうと、爪とぎをやめさせることは絶対にできない。よって、こまめに爪を切っていたとしても、爪とぎ器を用意することは必要不可欠。爪とぎ器がないと、家具や壁で爪とぎをし、いくら爪を切っていても傷だらけになる。

ペットショップには、いろんなタイプの爪とぎ器が売られているが、家の中にはない素材でつくられたものを選ぶことが大切だ。家具と同じ素材の爪とぎ器を選んだら、ネコは家具と爪とぎ器との区別がつかないからである。かといって、家にはない素材ならなんでもいいというわけでもない。ネコは、身の周りにあるものの中で、もっとも爪のとぎ心地のいいものを選んで爪をとぐものなのだ。爪とぎ器よりもソファーの布地のほうがとぎ心地がよかったとしたら、ネコはソファーで爪とぎをする。ネコはソファーの値段などわからないのだから、当然である。

要するに、「家の中のどんなものより爪とぎ器のほうが爪のとぎ心地がいい」という状況をつくればいいのである。ただし、ネコの“爪のとぎ心地”はイマイチ、人間には想像がつかない。だから、何種類かの爪とぎ器を試してみるしか方法はない。若干、お金のかかることではあるが、爪とぎ器よりも高い家具を守ることを考えれば、安いものだと考えよう。

さらに、爪とぎ器がある程度磨耗《まもう》したら、買い替えることも大切だ。磨耗した爪とぎ器より家具のほうがとぎ心地がいいとなったら、ネコは家具で爪をとぐのだということを忘れてはならない。

いろいろな爪とぎ器

ポール型
段ボール製
もこもこ
おもちゃ付き
もっとも安価。
麻縄が巻いてある。
カーペット地。

爪とぎ器の選びかた。

① 家の中にはない素材を選ぶ。
② いろいろと買って試してみることが必要。
③ 古くなったと思ったら早めに買いかえること！

壁好き
新聞好き
カーペット好き
ガリガリ

早くしないとボロボロに……

どうしても家具で爪とぎをする場合

爪とぎ器は用意した。ネコもそれを使ってくれる。でも、壁や家具でも爪とぎをする。こういう場合はどうするか。

はっきりいえるのは、叱ってもムダということだけだ。飼い主が見ているところではやらなくなるかもしれないが、飼い主がいなければ確実にガリガリとやる。ネコがズルイわけではない。「飼い主がいるときはやってはダメ」、ネコは素直にそう理解したのだ。ネコとは、そういう生き物である。

そんなネコに対抗する方法、それは飼い主の工夫しかない。爪とぎをしてほしくない場所では、爪とぎができないような工夫を考えよう。場所によっては「爪とぎ防止シート」を貼ることもできるが、貼れないこともある。そこを工夫で勝負する。

工夫といっても、むずかしく考えることはない。どうしても壁で爪とぎをするのなら、その壁の前になにか物を置いてしまえばいいのである。籐《とう》の家具で爪とぎをするのなら、その家具を押し入れにしまうか処分してしまえばいい。タタミで爪とぎをするのなら、思い切ってフローリングに変えてしまうのも手だ。要するに、物理的に爪とぎができなくなる方法を考えればいいのだ。

精神的な工夫もある。「この家具はネコの爪とぎ器もかねる」と発想をかえてしまう“工夫”だ。イライラせずにすみ、平穏な日々がすごせる。飼い主にとってもネコにとっても幸せである。「うちは、ものすごく高い爪とぎ器を使っている」と思える度量が、より豊かな日々を実現するに違いない。

ぐあいが悪いとき、ネコは爪とぎをしないものだ。元気な爪とぎは健康な証拠だ。まずネコの爪とぎを前向きに受け止める、それがよき解決策につながるはずである。

爪とぎをしてほしくない場所を守る方法

つるっ

爪とぎ防止シートを貼る。

ツルツルしているので
爪とぎができなくなる。

お気に入りの壁の前に！
パズル完成！
入れない

物理的に近寄れない
ようにする。

カーペットには
カバーを
新聞は
段ボール製
の爪とぎ器
で代用

撤去する。

かわりに爪とぎ器を置く。

カーペット地。

ボロ
ボロ。。
かじかじ
やっぱ籐よね。

あきらめる。

爪とぎ器をかねた家具

だと頭を切りかえる。

22　ノミ対策を考える

室内飼いのネコにはノミが寄生しないことが多い。基本的に、ノミは外からやってくるものだからだ。一方、放し飼いのネコは、草むらなどを歩いたときにノミがネコの体に飛びうつり、以後、延々とネコの体を住みかとして繁殖を繰り返す。根本的な対策をしないかぎり、ノミがいなくなることはない。

ただし、室内飼いならノミは絶対に寄生することはないともいいきれない。庭つきの家ならば、網戸ごしにノミが飛びうつることもある。飼い主の靴についた泥の中にノミの卵がいて、玄関でサナギから成虫になる可能性もないとはいえない。室内飼いであっても、ときどきノミチェックは必要だ。そして放し飼いなら、100％ノミがいると思ってノミ対策が必要である。

「ネコにノミがいるのはあたり前だろう」などと考えるのは、もう古い。確かに昔のネコにはかならずノミがいたといっていい。飼い主の「ノミ取り作業」は趣味の1つであった時代もある。だが現代は、そんなノンキなことではすませられない。密閉度と暖房効果の高い現代の家屋では、1年中、ノミが大発生する可能性があるのである。

ネコだけでなく人もノミに血を吸われる。かゆいだけでは終わらない。ネコも人もノミアレルギーを起こす危険性がある。さらにノミは、内部寄生虫である条虫《じょうちゅう》を媒介する。清潔志向の高い現代、それを知っていてよしとできる人はいるのだろうか？

まず、ノミの生態を知ろう。そのうえで、確実な予防と対策を考えよう。万が一、ノミが大発生したときも、適切な対策をこうじることができるはずである。

ノミの生態大研究

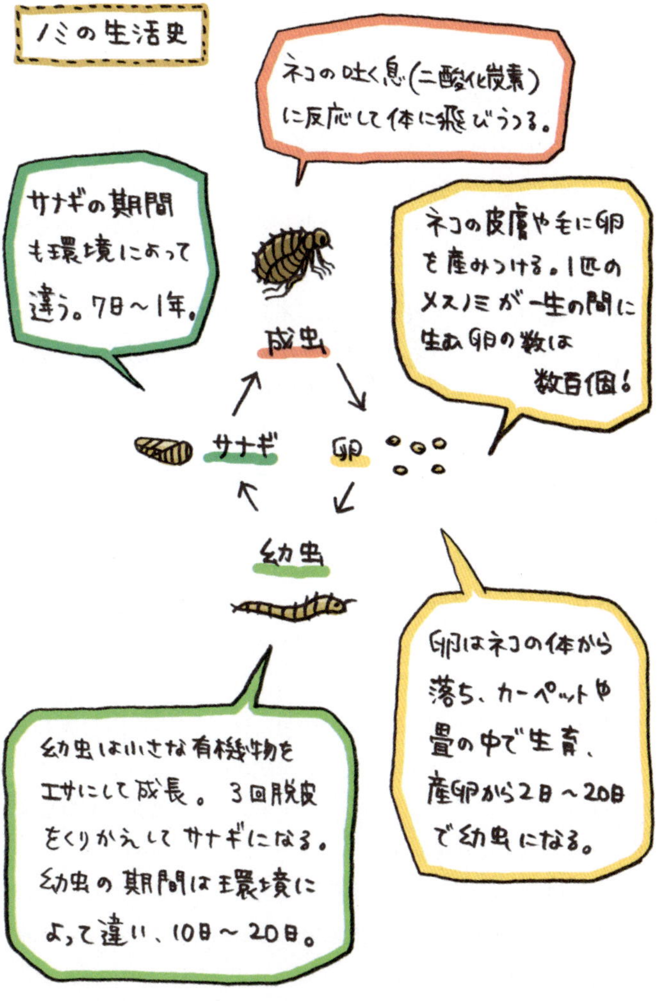
ノミの生活史
ネコの吐く息(二酸化炭素)に反応して体に飛びうつる。
サナギの期間も環境によって違う。7日〜1年。
ネコの皮膚や毛に卵を産みつける。1匹のメスノミが一生の間に生む卵の数は数百個!
成虫
サナギ
卵
幼虫
卵はネコの体から落ち、カーペットや畳の中で生育、産卵から2日〜20日で幼虫になる。
幼虫は小さな有機物をエサにして成長。3回脱皮をくりかえしてサナギになる。幼虫の期間は環境によって違い、10日〜20日。

ネコの体のノミの駆除と部屋にいるノミの駆除

ノミの卵もサナギも、乾燥や低温、高温に強く、じょうぶで簡単に死ぬことはない。条件が悪ければジッとたえて時を待つ。そして条件がそろったときに卵から幼虫にふ化したり、サナギから成虫になったりする。幼虫が食べる有機物とは、人やネコの体から日々はがれ落ちている微小な皮膚片やノミの糞《ふん》などだから、家の中にはいつも十分なエサがあるわけである。ネコの体に1匹でもノミを見つけたら、家のどこかに卵や幼虫やサナギが常にいると思ってかまわない。

そう考えれば、ノミの駆除とは、ネコの体だけの問題ではないことがわかるだろう。ネコの体のノミの駆除と、家の中の卵や幼虫やサナギの駆除を同時に考える必要があるのである。

まずネコの体のノミの駆除だが、市販のノミ取り首輪やノミよけ首輪では完璧な効果は望めない。動物病院に相談しよう。成虫を産卵前に駆除する薬、または卵や幼虫の生育を阻害する薬やスプレー、または皮膚に滴下する薬を処方してくれる。完璧、といっていいほど効果がある。

同時に、家の中のすみずみまでていねいに掃除機をかけよう。カーペットや畳の中にいる卵も幼虫も、さらには部屋のすみやベッドやソファーの下などのホコリの中にひそんでいるサナギもすべて吸い取ってしまうわけである。掃除が終わるたびに、フィルターも密封して捨ててしまおう。フィルターの中でノミが発生することになっては意味がない。

ネコの体のノミと部屋にいる卵や幼虫、サナギの駆除を同時に行ってこそ、完璧なノミ駆除は可能になる。そのために、ふだんから家の中を片づけておくことが大切なのである。

ネコの体のノミ駆除と部屋にいる卵と幼虫、サナギの駆除を同時にやることが大事

ネコの体のノミ駆除は動物病院に頼もう。市販のノミとり首輪は気休めにしかならない。

家じゅうに、ていねいに掃除機をかけよう。卵も幼虫もサナギも吸いとってしまおう。

すみずみまでラクに掃除機がかけられるよう、家の中を片づけておこう。

23 ネコだけで留守番をさせる方法を工夫する

「ネコを飼うと家族旅行はムリ」とあきらめてしまう人がいるが、そんな必要は決してない。事前の準備と工夫しだいで、ネコに留守番をしてもらうことは十分に可能だ。ネコがいるからとなにかをがまんするのは、よいことではない。ネコを飼っていることが負担になるほうが怖い。それではネコがかわいそうだ。

2泊までなら、ネコだけで留守番をさせて問題はない。ただし、必要なものを準備しておく必要がある。エサと水の準備、トイレの準備、そして室温の配慮だ。

エサは留守にする日数分をだしておく。だが夏は、腐りやすいので注意が必要だ。特に缶詰は要注意。自動給餌《きゅうじ》器を使うのがいいだろう。保冷剤がついていて、1食分ずつ別々にフタを閉めてセットできる。それぞれのフタの開く時間をタイマーでセットできるようになっていて、6食用タイプまである。ドライフードしか食べないネコでも、自動給餌器を使えばニオイがとんでしまうことなく、全部おいしく食べられる。

飲み水は汚れることを考えて何個かに分けておくといいだろう。頭数が多い場合は、なおさらだ。トイレも数を増やしておく。留守中のトイレ使用総数を考えて、それに対応できる数を用意する。

あとは、快適な寝場所を用意すればいい。ただし夏は、締め切った家の湿度や温度を考えることが大切だ。特に湿度が上がるのは怖い。最悪の事態も起こりうる。高めの温度設定でクーラーをかけておくか、除湿をかけておくことが必要だ。事前に、最高最低温湿度計で、留守中のエアコン設定と湿度と温度との関係を調べておくと、より安心である。

2泊までならネコだけで留守番してもらう

十分なエサと水を用意する。品質保持には自動給餌器を活用する。

便用総回数にたえるトイレの数を準備する。

夏は室温と温度に配慮する。
冬は暖かい寝場所を用意する。

人がいないとネコは意外にも寝てばかり。
2泊なら元気に留守番ができる。

3泊以上留守にするときはヘルプを頼む

3泊以上、家を留守にする場合、ネコだけの留守番は理屈上では可能であっても心配なのが親心。気になって旅行が楽しめない。心おきなく楽しむためにも、別の方法を考えよう。

動物病院やペットホテルにあずけるのもいいが、ネコは元来、自分のなわばり内で暮らしたい動物だから、知らない場所に連れて行かれることをきらうのがふつうだ。ネコには、なれ親しんだ自分の家にいてもらい、誰か世話をしてくれる人に来てもらうのがいい。それがもっとも安心で、かつネコにストレスのかからない方法である。

ペットシッターという職業がある。毎日やって来てくれて、必要な世話をしてくれる。ただし事前に申し込み、打ち合わせをする必要がある。また、ネコに予防注射をしてあることが条件である。家の鍵《かぎ》を渡すことになるわけだから、信頼できる人であることを見きわめておく必要もある。留守にする予定が決まったら、なるべく早い時期に手配をし、お互いに理解し合っておくことが大切である。ペットシッターへの連絡先は、ネットやネコの愛好誌の広告などで探せる。ネコ好きの友人などに聞いてみるのも、1つの方法だ。

近くにペットシッターがいない場合は、友人に頼むことを考える。場合にもよるが、ビジネスライクに金銭の授受をしたほうが、お互いに割り切れる。世話の内容をメモにし、イザというときの連絡先や動物病院の連絡先なども残しておく。かかりつけの病院には、留守にする旨《むね》を伝えておくとさらに安心だ。

友人がいることは、どんなときも心強いものである。ふだんからの友人づくりも大切なことである。

3泊以上、家を留守にする場合

動物病院やペットホテルにあずかってもらう。
ネコの性格を見きわめる必要がある。

ペットシッターに頼む。
ただし予防注射をしてあることが必要。
事前の打ち合わせも必要。

友人に頼む。
必要なことはすべてメモにしておく。
緊急の連絡先も残しておく。

24 ネコが迷子になる危険性を考えておく

ネコは、なわばりをつくって暮らす動物だ。そのなわばりはネコにとって「安心していられる場所」でもある。つまり、なわばりの中にいれば安心していられるが、なわばりの外にでると不安になるという意味だ。動物病院などに行くとき、キャリーに入れたネコが鳴きわめくのは、なわばりの外に連れだされたことによる不安からである。もし動物病院に行く途中で、なにかのはずみにキャリーのドアが開き、ネコが外にでてしまったとする。するとネコは不安のあまり、どこでもいいから身を隠せる場所に逃げ込もうとする。飼い主の呼び声などまるで無視。それがネコという生き物なのだ。アッという間にどこかへ突っ走って行き、飼い主の視界から消える。これが、ネコが迷子になる大きな理由だ。旅行に連れて行った場合にも、同じことが起きる可能性がある。

なわばり感覚がまだ定着していない子ネコは別だが、おとなネコを住みなれた場所から連れだすときは、常に“逃走”の危険を考えておく必要がある。キャリーのドアを確実に閉めておくこと、むやみにドアを開けないことが大切である。

それでも迷子になってしまったときは、「逃げた場所からそう遠くへは行っていない」と考えて捜索をする。不安で怖くてどこかに隠れているはずなのだ。「事件発生現場」近くの、ネコがもぐり込めそうな場所を探そう。意外なほど長時間、ネコはジッと隠れているものだ。数日間も同じ場所にひそんでいた、ということもめずらしくない。見つけたら、すぐにキャリーに入れることも忘れてはいけない。抱いて帰ろうとしたら、また途中で逃げてしまうことも、十分に考えられるからである。

知らない場所にいる不安がネコを迷子にする

なわばりの外にいると
ネコは不安と恐怖
を感じる。

とにかく、どこかに
身を隠そうとして
逃げる。飼い主に
頼ろうとはしない。

怖くて動けない。

とっぷり

これがネコが
迷子になる理由。

自分の家からネコが逃げだすことはない

室内飼いのネコが、開いている窓などからでてしまうことがある。こういうとき人は「ネコが逃げた」と言うが、ネコは逃げたのでは決してない。室内飼いのネコにとって家の中は自分のなわばりの中であり、いちばん安心できる場所なのである。逃げる理由があるわけがない。それを「逃げた」といってしまうのは、室内飼いを「ネコを閉じ込めること」だと思っているからだろう。「閉じ込めている」と思うから、「逃げた」と思ってしまう。そして「逃げた」と思うから、遠くを探すことになる。

だが、ネコは遠くに行ってはいないのだ。1歩外にでたとたん、ネコはなわばりの外にいることになるわけで、大きな不安に襲われる。「どこかに身を隠さなくては」と手近なところにもぐり込んでいるのである。「でて行った」場所の近くの、ネコがもぐり込めそうなところを探してほしい。“かならず”といっていいほど、そこにいるものである。

室内飼いのネコにとって窓やドアは、なわばりの境界線なのだ。その内側と外側でネコの心理は大きく違う。内側にいるときは安心しているので、「ちょっと行ってみようか」とも思う。好奇心旺盛な若いネコは特にそうだ。ところが一歩、外にでたとたんに不安になり、どうしていいかわからなくなる。ネコのなわばり感覚とはそういうものだ。

やさしい飼い主がいる家、自分のなわばりである家からネコは逃げたいとは思っていない。窓から外を見ているのは、「自由になりたい」からではなく、「なわばりの外を見張っている」だけだ。ネコの心理を正しく知ることは、イザというときの的確な対処を可能にしてくれる。

室内飼いのネコは「閉じ込められて」いるのではない

窓から外を見ているネコは「外に行きたい」と思っているのではない。
見張りをしているだけ。

でも開いていたら、
「ちょっと行ってみようか」
と思う。
若いネコほど、そう思う。

でも外にでたとたん
不安になる。

「逃げた」のではないから
遠くまで“逃走”して
はいない。近くにいる。

25 本当に迷子になったときの対処法も知っておく

とはいっても、本当に迷子になってしまうこともある。出先の「事件発生現場」が人込みの中だったり、または隠れる場所のない広場だったりしたら、ネコはどこまで走っていくかわからない。その途中で車に出会ったりすれば、さらにパニックを起こして夢中で走るので、本当に迷子になってしまう。

家からでて行った場合でも、車に驚いたりすれば遠くまで逃げてしまうこともある。こうなった場合は別の探しかたが必要になる。いろんなケースを想定して捜索をしなくてはならない。誰かが保護をしてくれたケース、不幸にも輪禍《りんか》にあってしまったケース、放浪を続けているケースなどだ。まず保健所に電話をし、該当するネコが運び込まれていないかを確かめ、かつ、それらしきネコが引き取られたときは連絡をくれるように頼んでおこう。近くの動物病院にも同じ依頼をしておく必要がある。

それと同時にビラをつくって、あちこちに貼らせてもらおう。保護してくれている人がいるかもしれない。消息を知っている人もいるかもしれない。ちなみに、電柱などに勝手に貼るのは法律違反になる。商店や個人の家に、ていねいに事情を話してお願いしてほしい。

結局、見つからないままだったというときの無念さと悲しさと自己嫌悪には、想像を絶するものがある。だからこそ、「絶対に探しだす」という気力と信念をもって動くことが大切なのだ。それがネコを迷子にしてしまった飼い主としての責任だろう。自分だけの力では無理だと思ったときは、迷子のペットを探すプロである「ペット探偵」に頼むのも、1つの方法である。

本当に迷子になってしまったら

保健所と動物病院に
問い合わせてみる。
保健所の連絡先が
わからないときは、とにかく
役所に聞いてみる。

びらを貼る。
ネコの特徴、連絡先を
かならず書く。ただし、
連絡先については気を
つけて。

ペット探偵に頼むのも
1つの方法。とにかく
絶対に探しだすという
気力が大事。

迷子札やマイクロチップの必要性

イザというときのことを考えると、ネコに迷子札をつけておくほうが安心だ。放し飼いのネコが外で事故にあった場合を考えても、迷子札があれば連絡をしてくれる人がいるだろう。

室内飼いの場合は、家から一歩でれば迷子になる可能性があるわけだから、やはりできるだけ迷子札はつけておきたい。ただ首輪をきらうネコもいる。高齢のネコの場合は、首輪をすると首まわりの毛が抜けてしまうこともある。その場合は、動物病院に行くときや引っ越しなどで外に連れだす場合だけ、安心のためにつけておこう。

だが、大地震などの災害時のことを考えると、それでも心配は残る。連れて逃げることができず家は倒壊、ネコがどこに行ってしまったかわからなくなってしまったら……。

私たちは、マイクロチップの装着を考えなければならない時代にきているのだ。皮下にうめ込む、超小型のICチップだ。チップには15ケタの数字でID番号が書き込まれていて、直径2mm、長さは11〜13mmの生体ガラスに封入されている。注射針の先に入れて皮下に注入するしくみだ。専用の読み取り機（リーダー）をかざして番号を読み取り、登録機関に保存されているデータと照合する。首輪のように取れてしまうことはない。永久的かつ確実な個体識別法である。動物病院で装着してもらえる。

異物を体内にうめ込むことに抵抗を感じる人も多い。日本での普及率はまだ低い。だが、動物園や研究機関では、確実な個体識別法として普及している。たとえなにが起きようと、自分のネコに最後まで責任をもちたいと考えるなら、マイクロチップ装着を考えるべきだろう。

放し飼いのネコには迷子札をつけておく

飼いネコであることが
他人にわかることも
大切なこと。

室内飼いのネコを
外に連れだすときは
迷子札をつける。
イザというときの
お守りのようなもの。

どんなときでも確実
なのはマイクロチップ

大災害が起きて、
はなればなれになった
としても、かならず
飼い主とめぐりあえる。

26 引っ越しをするときは手順を第一に考える

「イヌは人につく、ネコは家につく」と昔からいわれる。だからネコを連れての引っ越しは無理ではないのか、と考える人もいる。もとの家に帰ろうとして家出をするのではないかという意味だが、そんな心配はまったくない。ネコが家についたのは昔の話。現代のネコは間違いなく「人につく」。現代のネコにとってなによりも大切なのは、飼い主であり「家」ではない。だから飼い主の行くところならどこへでも行く。

ネコを連れて引っ越しするときに考えなくてはならないのは、その手順だ。引っ越し作業の間、ネコをどうしておくのか、いつネコを移動させるのかを含めた手順である。室内飼いの場合、引っ越し作業で他人が出入りし、かつ窓や玄関が開いたままになれば、恐怖で逃げだしてしまうかもしれない。放し飼いの場合は、イザ出発というときにネコがいないということにもなりかねない。

作業で他人が家に入る前に、どこか一部屋を空けてしまい、引っ越し作業当日は出発までそこにいてもらうようにするのがいいだろう。万が一のことを考えて、ケージやキャリーに入れておくといい。そのためには、事前に部屋にキャリーなどを置いておき、なれさせておく必要もある。ネコがいつも使っているタオルや毛布などを中に敷いておけば、自分のニオイがすることで安心していられるだろう。引っ越し先が近いなら、引っ越しが終わるまで動物病院にあずけておくという方法もある。

ネコの性格や引っ越しの状況によって、最適な方法はさまざまだろう。だが、当日になってネコのことを考えたのでは、失敗も起きる。事前に手順を考えて準備をしておくことが、大切である。

なぜネコは「家につく」といわれたのか？

昔のネコは家の中や家の周りでネズミを捕って食べていた。

ネコにとって"家"は確実で使いなれた猟場だった。

引っ越し先で新たな猟場をつくるより、もとの猟場に帰りたいと思ったネコもいたはず。

現代のネコはエサのすべてを飼い主に頼っている。飼い主のいるところが自分の居場所。

置いていかれたら路頭に迷うしかない。

新しい家に着いてからの注意

引っ越し先に着いたら、引っ越し作業を進めたときと逆の手順をたどると考えればいい。つまり、まず一部屋にネコを入れて閉め切っておき、家具などの搬入を終わらせる。搬入作業が終わり、他人がいなくなった段階で、ネコを部屋から解放する。

怖がってでてこないようなら、部屋のドアを開け放って、そのままにしておく。いずれでてきて家の中を探索し始める。探索が始まったら、自由にやりたいようにさせておく。それがネコを新しい環境になれさせるためのいちばんの方法である。

放し飼いをしていたネコは、引っ越しを機会にぜひ室内飼いに変えてほしい。引っ越しが、室内飼いに変えるためのもっとも確実な方法であることは、すでに述べた。このチャンスを逃す手はない（P24参照）。

ネコが家の中をアチコチ歩きまわりながら探索をするのは、新しい環境が安全かどうかを確かめているのだ。それは「新しいなわばり」をつくるための作業なのだ。安全が確認できた場所、それが「新しいなわばり」だ。放し飼いだったネコを絶対に外にださなければ、「新しいなわばり」は家の中だけになる。「外にでていたネコだから外にでたがる」などというものでは決してない。ネコのなわばりとは、広さを必要とするのではない。必要な条件を満たしているかどうか、それこそが重要なのだということを忘れないでほしい。

最後に、新しい環境にネコを早くなれさせるためには、家族が極力いつもどおりにふるまうことだ。飼い主がピリピリしていたら、ネコもピリピリしてしまう。いつもと同じ空気を漂《ただよ》わせること、これがなによりも大切である。

引っ越しの手順

① ネコをどうやって目的地まで運ぶのかを考える。

電車に乗せて連れて行く
自動車で運ぶ
飛行機で運ぶ

うむむ…
専門業者さんがいいかなあ…

動物
専門業者に頼む

事前に料金や条件などを調べておこう。

② 引っ越し当日の手順を考える

ニャ！
入れたら…
あの部屋に…
一時的に…
…
うーん
うーん

いつネコをケージに入れ、
どこに置いておき、
いつ搬出するのかを
考える。

ネコを輸送する方法

電車に乗せて連れて行く

手回り品
09.0101

窓口で「手回り品」切符を買いキャリーにつける。車内でキャリーからだすのは不可。ひざの上に置くと揺れが少ない

バスに乗せて連れて行く

路線バスは、手回り品料金がかからない場合が多いが、事前に確認しよう。高速バスへのペットのもち込みは不可

のりば
01
バスで
病院へ!
タダだから!
ビク
ビク

フェリーに乗せることもできるが、なるべく輸送時間の短い方法を取るほうが安全

飛行機に乗せる（国内）

人といっしょに乗る場合は手荷物扱い。貨物室で運ばれるが、貨物室は客席と同じ空調。がんじょうなケージの貸しだしあり。当日に申し込めるが、個数に制限があるので料金を含めて事前に調べておくといい

ネコだけを貨物として輸送することもできる。いずれの場合も誓約書を書く必要あり。誓約書はネットでダウンロードすることもできる

ペット専門の輸送業者もある。ただし、ネコの健康を考えると長距離は利用しないほうがいい

27 新たにネコを増やすときはネコの性格を考慮する

第1章で、複数でネコを飼いたいのなら途中から増やすのではなく、最初からいっしょに飼うほうがいいと述べた。だが、さまざまな事情で新たにネコを迎えることもあるだろう。

そのときにまず考慮すべきは、お互いの子ネコ時代の環境である。P36で述べたとおり、社会化期（生後2週～7週）にほかのネコと触れ合った経験のないネコは、新たにやってきたネコとうまくいかないことが多いからだ。とはいっても、子ネコ時代の環境がわからないということもある。その場合は、とりあえず会わせてみるしか方法はない。新しく加えるネコを選べる状況なら、「お試し期間」をもうけてくれるように頼むのがいい。数日間様子を見て、どうしてもだめなときは返すことができれば安心である。ただ、初めて顔を会わせたネコどうしは、一見ケンカのような状況になることも多い。初対面のとき、ネコ飼育になれている人に同席してもらうのもいいだろう。

捨てネコを保護したなど、どうしても新入りを受け入れなくてはならない場合は、お互いの関係を見きわめて、無理じいをしないことである。要するに、ネコたちにすべてまかせるだけである。

ネコどうしのつき合いは、いっしょに寝ている日があるかと思えば、威嚇し合ったりケンカをしたりという日があるもので、人間の「仲良し」と同じモノサシで判断することはできない。「いつもいっしょ」の仲良しもあれば、「近くにはいるがくっつかない」仲良しもある。反対に「仲良しに見えるだけで、実はお互いに無視」という関係もある。飼い主の意志を押しつけるのではなく、ネコのやりかたを認め、それを援助することである。

新たにネコを増やすときは

こんにちは!
いらっしゃい!

新しい仲間とすぐにじゃれ合うネコもいる。とくに子ネコの場合。

最初は威嚇しても、だんだんと仲良くなる場合もある。すぐに隔離するのではなく、そばにいて様子をみる。

フー!!

キャー

みー゛

ただし、イザというときの逃げ込める場所をつくっておく。

ひとりがいいわ

1匹で10才すぎまでいたネコには新しい仲間を増やさないほうが無難もうウザイだけという可能性大。

恐怖心の強いネコへの対処法

捨てネコを保護して新たな仲間として加えたいという場合は、すでにいるネコとの相性など考えていられない。なんとかして折り合いをつけてもらうしかないという場合もある。

もし新参ネコがおびえているようなら、大きめのケージを用意して、とりあえずその中で暮らしてもらうのがいい。自分だけの場所があればネコは安心していられる。その安心感が新しい環境への順応を助けてくれる。もとからいるネコとはケージ越しにつき合うことで、なれてもらおう。

新参ネコがなれるまで、飼い主はネコの目を凝視しないように気をつけるのがいい。人間社会と同じくネコの世界でも、「知らない者の目を凝視するのは敵意の表れ」なのである。たとえ愛情をもって見つめたとしても、新参ネコはさらにおびえるだけである。ネコと目を合わせないようにしながら、ネコの様子をチェックする。

加えて、新参ネコの近くでは常に「無関心をよそおう」ことも大切だ。ネコだけでなく動物は第六感がすぐれていて、人の関心を敏感に感じ取る。そしてそれを“殺気”と判断して緊張する。どんなになれているネコであっても、薬を飲ませようと思って見たとたんに飛んで逃げるものであるが、同じく“殺気”を感じ取っているのである。

新参ネコの近くでは極力ゆっくりと、かつ「心ここにあらず」の雰囲気で動くよう心がける。ケージの近くにすわり、決してネコのほうを見ずに、ボーッとしていたり、昼寝をしたりするのがいい。人が空気のような存在になることで新参ネコはリラックスする。リラックスした空気の中でネコどうしが出会うことで、よい関係も生まれるものである。

恐怖心の強いネコを加える場合の注意点。

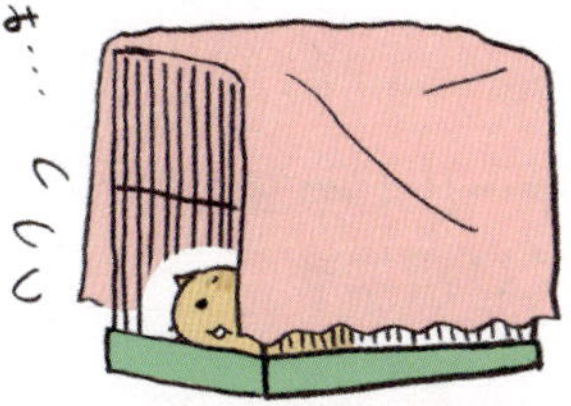
み…

とりあえず、ケージの中で暮らしてもらう。

ねてる…
さあ ひるね しよーっと

ケージのそばで人がリラックスした雰囲気をつくる。その雰囲気の中で古参ネコと対面させることがだいじ。

なれてきたと思ったら、新参ネコをケージからだしてみる。イザというときは新参ネコがケージに逃げ込めるようにしておく。

でてみようかな。
でもこわいな。
ドキドキ

飼い主がピリピリしてはダメ。

へんがお写真館 Part.2

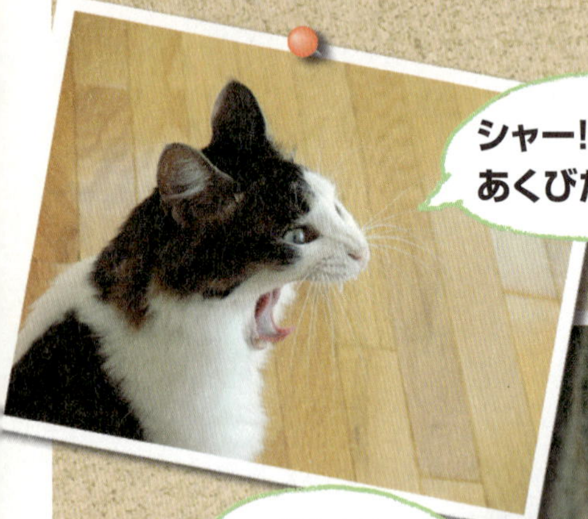
シャー!! じゃなくて
あくびだニャ

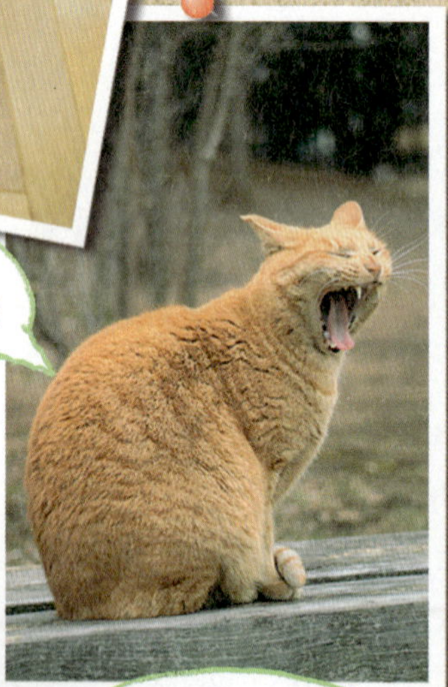
つられて
フワァーーー!

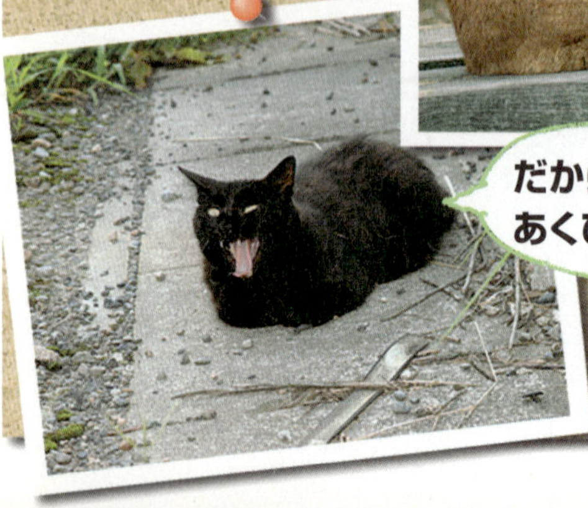
だからこれ
あくびだってば!!

第3章

豊かな絆を結ぶための秘訣

この章では、ネコと飼い主とがストレスなく豊かな絆で結ばれ、楽しくコミュニケーションを取りながら快適に暮らせるように、じょうずなしつけのしかたから、遊びやスキンシップの重要性までを再確認します。

28 しつけは飼い主の頭の体操だと心得る

ネコのしつけとイヌのしつけには根本的な違いがある。

イヌは飼い主を群れのリーダーだと思っていて、飼い主が喜ぶことを自分の喜びだと感じる。ほめてもらうのが大好きで、ほめてもらえることを何度でもやりたいと思う。だから、じょうずにほめたり叱ったりすることで、イヌをしつけることができる。

ところがネコは元来が単独生活者であり、リーダーという感覚がない。リーダーにほめられたいという思いもない。だから、ほめたり叱ったりしても、ほとんど意味がない。ほめれば、たんに「かわいがってくれている」と思うだけ。叱れば、「この人は危険だ」と思うだけだ。そんなネコに「してはいけないこと」を教えるには、別の方法を取るしかない。それは工夫だ。してはいけないことができないような工夫を、飼い主が考えるのだ。

では、どんな工夫をすればいいのか。それは各家庭の状況やネコの性格によって違う。飼い主は、智恵を駆使し忍耐強く試行錯誤を続けて、解決策を編みだすしかない。「こうすればいいだろう」と思っても、ネコには通用しないことが多いのだ。そこであきらめずに別の工夫を考える。それでもダメなら、また別の工夫を考える。ネコのしつけは、ネコとの智恵比べだといって過言ではない。そして、その智恵比べを楽しむ気持ちが大切だ。そうでないと挫折《ざせつ》する。イライラもする。よって試行錯誤が続かない。

ネコのしつけは「頭の体操」だと思うことだ。ゲーム感覚で工夫を次々と考えれば、楽しく「ネコのしつけ」ができる。工夫、試行錯誤、執念、そしてそれを楽しむ心。これがネコのしつけかたの神髄である。

イヌのしつけとネコのしつけ、その違い

もっと
ほめて！

イヌは飼い主にほめられたい。だから、ほめることが効果を発揮する。

・・・
別に。

ネコは飼い主にほめられたいとは思っていない。ただ自分勝手にやりたいだけ。

いいこだね～♡
なでなで
いいこいいこしてくれてる♡
この人危険・・・・

ほめると単純に嬉しいだけ　　叱ると単純に怖がるだけ

してはいけないことをさせないためには、

飼い主が工夫をするしかない。

ネコにしてほしくないこととはなにか

では、どんなときに工夫をするのかだが、その前に「ネコにしてほしくないこと」とはどんなことなのかを考える必要がある。というのも、ネコについては「禁止すべきこと」が意外にないのだ。イヌと違い、「むだ吠えをさせない」とか「人に飛びつかせない」とか「マテ」で行動を中断させる必要などない。トイレに関しても、適切なトイレとトイレ砂さえ用意すれば、ネコはいともたやすくトイレを使うものである（P66参照）。トイレ以外の場所で粗相《そそう》をする場合は、それなりの理由があるのであり、しつけとは関係がない（P70参照）。

そう考えると、「してほしくない」ことはかぎられる。家具や壁で爪とぎをしないこと、食卓など乗ってほしくないところに乗らないこと、入ってほしくない部屋に入らないこと、そのくらいだ。

爪とぎ自体はネコの本能であるから、やめさせられない。だからこそ、家具や壁での爪とぎを防止するには工夫しかないことは、P92ですでに述べた。残るのは乗ってほしくないところに乗せないこと、入ってほしくない場所に入らせないことだけだが、こんな抽象的なことを「しつけ」としてネコに学習させるなど無理だというのはわかるだろう。できないような工夫をしたほうが、よほどラクというものである。

乗れないような工夫、入れないような工夫をし、乗れない状況や入れない状況が続くと、ネコに「ここは乗らないもの」「ここは入らないもの」という習慣が不思議とできる。そしてネコとは意外に頭の堅い動物で、一度習慣ができてしまうと頑固《がんこ》なほどにその習慣を守るのである。してほしくないことをしない習慣をつくること、それがネコの「しつけ」である。

乗ってほしくないところに乗せない工夫

★乗るための通路をふさぐ。物理的な方法。

★乗れないほど物をたくさん置いてしまうのも方法。ネコは乗る場所がなければ乗ろうとしない。

★食卓に飛び乗ろうとしてかまえてるときに大きな声をだして中断させる。それを続ける。

★人の壁で食卓を守る。

入ってほしくない場所に入れない工夫

★入口にフェンスなどをつける。

★ネコが入れないほど入口を狭くする。

あとは智恵を絞って試行錯誤!

29 しつけはコミュニケーションであることも心得る

しつけは工夫。そして工夫はネコとの知恵比べ。ということは、しつけの過程はネコとのコミュニケーションだということである。ネコに、なにかをさせないための工夫をするには、ネコの行動を読まねばならない。施した工夫にネコが反応して新たな行動をすれば、それに対してまた次の工夫をする。もしネコと話ができるとしたら、「こうしたら、もうできないでしょう？」「ううん、だったらこうする」「おう、そうきたか。じゃ、これでは？」「だって、こうやったらできるもん」、と会話をしているのと同じだ。工夫を重ねるということ自体が、ネコと人との相互作用。だからコミュニケーションなのである。

工夫を重ねているうちに、自分のネコの性格がより見えてくる。意外な能力も発見できる。しつけの過程は、ネコの個性発見の過程でもある。楽しくないわけがない。大切なのは、なかなか効果がでなくても決して腹を立てないことだ。腹を立てるということは、ネコとの知恵比べに負けたということ。それでは人間がすたるではないか。次々と工夫を重ねても、そのたびにネコが打開策を講じるとしたら、それだけネコが飼い主とコミュニケーションをとっているということなのだ。それに応えるべきだろう。

ネコとのコミュニケーションの末、ついに解決策が見つかったとき、ネコの顔がそれまでとは違って見えるはずである。はっきりとした個性のある顔に見えるに違いない。それは、ネコと人との間にはぐくまれた絆なのだ。ともに共同作業をなしとげたときに感じる絆、おおげさかもしれないが、そんな空気が生まれるものだ。それはすばらしく幸せなことである。

しつけは楽しいコミュニケーション

そこに乗るなっていってるでしょ!
だって～乗りたいんだもん
これでもう乗れないネ
乗れたよ!
ピョン
これでどうだ!!
アレでどうだ!
乗れるもん
ほら乗れた
こうだ!
そんなの平気さ
ぐぐぐっ
…次は?

ネコは「安全パイ主義」を守る動物

P124で「ネコは行動が習慣化しやすい。そして一度習慣ができると、頑固なほどにその習慣を守る」と述べたが、それはネコが「安全パイ主義」だからである。つまり、「一度やったことが安全でなにも問題がなかったら、次も同じ方法を取る」という意味だ。野生的な本能として、それが安全な方法だと判断するのだ。そして、その安全が脅《おびや》かされないかぎり、同じ方法を取り続ける。だから行動が習慣化するように見えるのである。

たとえば人間は、家から駅に行くときなどに「いつも同じ道を通るのはつまらない。今日は違う道を行ってみよう」と思うが、ネコはそうは思わない。昨日通って安全だった道を、今日も行こうとするのである。ネコは冒険をしたいとは思わない。それが身を守ることにつながるからだ。

もし、いつも通っている道で、たまたま危険に遭遇したとすると、ネコは危険回避のためにほかの道を利用する。そのときはドキドキしながら通ったとしてもなにも危険がなかったとすれば、翌日からはその新しいルートを使い始める。昨日の道ではまた危険にあうかもしれないが、新しいルートなら安全。ネコの「安全パイ主義」とは、そういうものだ。

野生動物はみなネコと同じく「安全パイ主義」であるが、ネコは特にそれが強い。この「安全パイ主義」を念頭に、しつけのための工夫を考えればいいのである。ネコに新しい習慣をつけさせるには、古い習慣になにか不都合をつくり、不安のない代わりの方法が取れるようにする。代わりの方法を2〜3回、問題なく経験すれば、それが新しい習慣として定着する。ネコのしつけの神髄は、これである。

「安全パイ主義」を利用して新しい習慣をつけさせる法

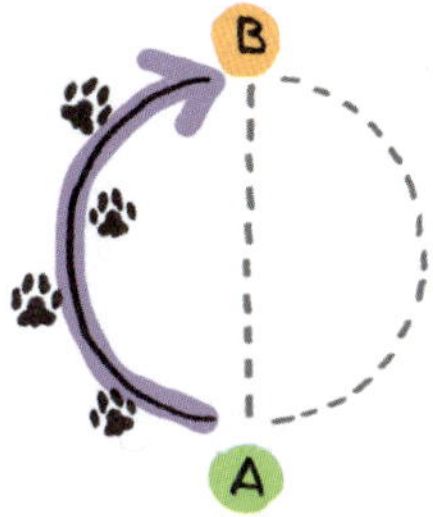

A地点からB地点に
行くとき、ネコはかならず
同じルートを通る。
それがネコの安全パイ主義。

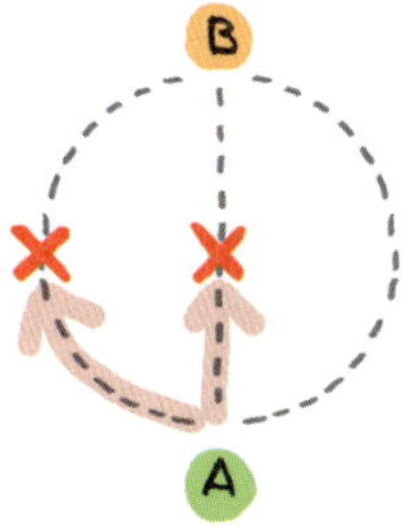

いつものルートに不都合
をつくる。直線ルートにも
不都合をつくる。

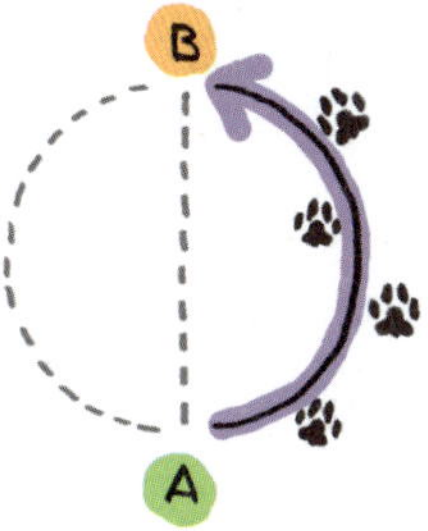

最初はしかたなくルートを
変えるが、繰り返している
うちに習慣化する。
以後、不都合がなくなって
も、もとには戻らない。

30　遊びは大切であることを知る

ネコは狩猟本能をもって生まれてくる。目が見えるようになったときから動くものに手をだして捕まえようとするのが、その表れだ。動くものに反応せずにはいられない。捕まえようとせずにはいられない。その“衝動”が狩猟本能なのである。

この衝動のおかげでネコは、子ネコのときから動くものに反応する。最初はうまく捕まえられず遊んでいるだけだが、やっているうちにだんだんとうまくなる。そして、本当に獲物が捕えられるまでに技術が上達する。狩猟本能としての衝動があるかぎり、放っておいてもネコは狩りの達人になるという寸法である。

では、その衝動を支えているものはなにか。満足感や楽しさ、喜びといった快感だ。本能としての衝動は、満たされると快感があるものなのだ。快感があるからこそ、動物は衝動を満たすための行動をする。簡単にいえば「楽しい」からやるのだ。楽しいからこそ、子ネコは動くものに手をだす。おとなになって実際に狩りをするのも「楽しい」のだ。飼いネコは狩りをする必要がないが、狩猟本能による衝動を満たすことが「楽しい」ことに違いはない。だとしたら、家庭の中で狩りの衝動が満たせるようにしてあげよう。それが、肉食動物としてこの世に生まれたネコのクォリティ・オブ・ライフというものだろう。

狩猟本能による衝動を満たす方法、それは遊ばせることである。狩りをするときと同じような動きができる遊びをさせることである。疑似の狩りをさせること、それはネコにとって楽しいことであり、だから遊びなのである。狩りのまねごとをすることで、ネコは生き生きとした時間がすごせるのである。

ネコは狩猟本能をもって生まれてくる

目が見えるようになると
動くものを追い始める。
それが狩猟本能。

やっているうちに足腰が
鍛えられ、だんだんと
上手にできるようになる。

いずれは本当に狩りが
できるようになる。野生の
場合なら、それが親から
独立するとき。

動物たちは、生きていく
ために必要な技術を
遊びながら習得する。

ひとり遊びはすぐ飽きる

ネコを遊ばせる。これは意外に手間のかかることである。ネコ用のオモチャを与えておけばいいというものではないからだ。

ネコ用のオモチャとは、ネコがひとり遊びをするための道具のことである。ペットショップには、さまざまなネコのオモチャが売られているが、「これさえ与えておけばネコが飽きずに遊び続ける」といえるものはないといっても過言ではない。しょせん、ひとり遊びには限度があるからだ。だからネコはいずれ飽きてしまい、見向きもしなくなるのである。

ネコの遊びが、狩りの技術を習得するためのものだということは前ページで述べた。ということは、レベルアップしていかなくてはならないのだ。子ネコは起き上がりこぼしを1日じゅう楽しそうに追いかけるが、2〜3日もすればかならず飽きる。起き上がりこぼしを追いかけるための動き方をマスターしてしまったからである。もっとレベルの高い動きのできる遊びでなければ、おもしろくない。その意味で、ひとり遊び用のオモチャはすべて、もの足りなくなるときがくる。

では、どうするか。「ネコを遊ばせるための道具」を使って、人がネコを遊ばせなくてはならないのだ。これなら、人の智恵と努力によって、いくらでもレベルアップが可能である。よりむずかしいスキルをネコに課すことができる。そして、よりむずかしいレベルに挑戦することが、ネコにとっての「楽しい遊び」なのである。私たちがゲームで遊ぶときと同じだ。

人が道具をあやつれば、ネコにとって予測不能な動かしかたができる。ネコが狙う対象物が予測不能な動きをすること、それがネコの狩猟本能をくすぐるのである。

「ネコのオモチャ」は2とおりある

ひとつは、ネコが勝手に遊ぶもの。ひとり遊び用。

単純な動きしかできないので、すぐ飽きる。

子ネコには向く。

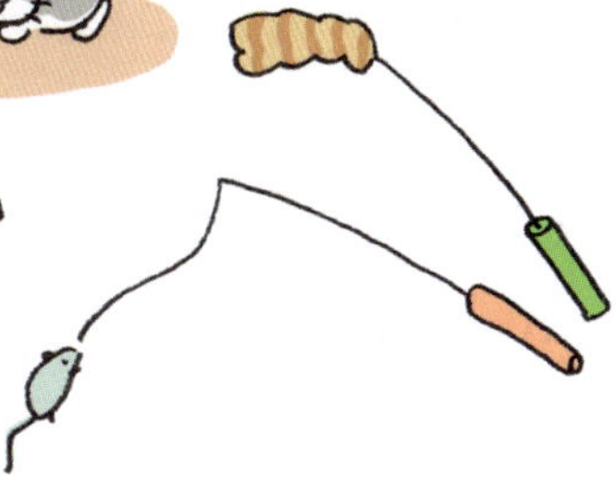

もうひとつは、人が使ってネコを遊ばせるための道具。

いくらでも変化がつけられる。ネコは動きにレベルアップが望める

それがネコの心をとらえる。

31 遊ばせかたの基本を頭に入れておく

「ネコを遊ばせるための道具」にも、いろいろなものがある。まずは古典的な「じゃらし棒」を使うのがおすすめだ。人が使う以上、使い勝手というものがあるが、それは実際に使ってみないとわからない。だから安価なものから試すのがいい。古典的な「じゃらし棒」は安価なだけでなく、軽くてあやつりやすいことは確かである。ロングセラー商品だけのことはある。

さて、では「じゃらし棒」をどう振るかだが、ここにも大切な基本がある。それは、「ネコが獲物とする動物の動きに、できるだけ似せた振りかた」をすることだ。ネコの狩猟本能が触発されるのは、ネコが先祖代々、獲物としてきた動物の動きをキャッチしたときなのだ。獲物の動きとしてインプットされているものがあるわけで、たとえばワシのような動きやクマのような動きを見たら、ネコは逃げるに決まっている。それは獲物ではなく天敵の動きとして、インプットされているはずだからだ。

では、ネコの獲物としてインプットされているものはなにか。代表的なのはネズミや虫、トカゲなどの小動物、小鳥だ。これらの動物の動きを「じゃらし棒」で再現すること、これが基本である。ネズミならネズミ、虫なら虫と、バージョンを分けて再現する必要がある。そのためには、それぞれの獲物がどんな動きをするのかを知らなくてはならない。想像力も必要だが、外にでて観察することも必要だ。獲物の動きに似た振りかたをすればするほど、ネコの興味をひきつけられる。狩猟本能を最大限に引きだして、楽しい“疑似狩猟”をさせられる。つまりじょうずに遊ばせられる。ネコを遊ばせるということは、動物行動学そのものなのだ。

じゃらし棒の使い方、その基本

じゃらし棒で獲物の動きを再現する。それが基本。じゃらし棒が獲物の形をしている必要はない。大切なのは「動きかたのパターン」

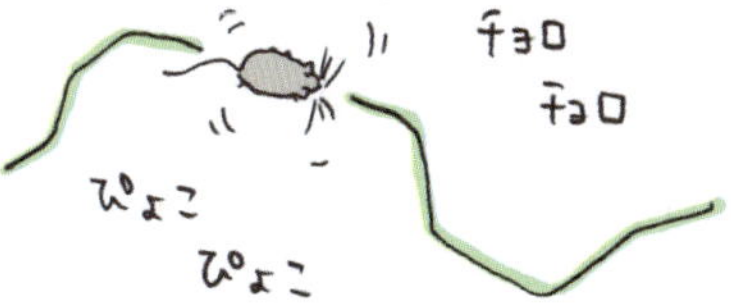

チョロ
チョロ
ぴょこ
ぴょこ

ネコの獲物はネズミ、虫、小鳥が代表的。

それらの動物がどんな動きをするのか観察することもだいじ。

ニャニャニャニャ
ニャニャニャニャ
じっ

獲物の気持ちになりきって「じゃらし棒」をあやつる

ネズミはチョロチョロと動き、立ち止まったかと思うとまた動く。ネコがいることに気づいたら、猛スピードで逃げていく。そして物かげにスッと入り込む。「じゃらし棒」の“穂”の部分にネズミの気持ちを込めて、ネズミになりきったつもりで動かそう。最初は散策気分であちこちをチョロチョロ、ネコに見つかったら必死で逃げ、タンスのかげなどにもぐり込む。

ネコは、逃げる動きに強く反応する。つまり自分から遠ざかっていくものを追おうとする。反対に自分に近寄ってくるものには、とまどう。近寄ってくるものは捕食者の可能性があるからだ。さらに、タンスのかげなどに入り込むとき、チラチラと一部が見えかくれするときに、もっとも強い反応を見せる。「いまをのがしたらおしまいだ」と思うのだろう。

これらを頭に入れたうえで、「じゃらし棒」にネズミを演じさせる。その間、ネコを観察しながら動きに変化をつける。興味を失いそうなら突然、動く。飛びだしてきたら猛スピードで逃げる。ネコに追いつかれたら、メチャクチャな動きで逃げまくる。「捕まえられそうで捕まえられない」という状況をつくれば、ネコは大興奮して暴れまくることうけあいである。

最後は、ネコにネズミを捕まえさせて1クール終了する。そして新たに“散策するネズミ”から2クール目を開始する。そのうちにそれがゲーム化してくるから不思議である。“ネズミを捕まえた”あと、ネコが「はい、次を開始してね」といわんばかりにスタート地点に待機したりする。そうなったとき、ネコは「飼い主と遊ぶとおもしろい」ことを悟ったのだと思っていい。飼い主といっしょに遊ぶ楽しさを知った、ということなのである。

ネズミになりきる

“穂”の部分を床にはわせ、
猫から遠ざけていく

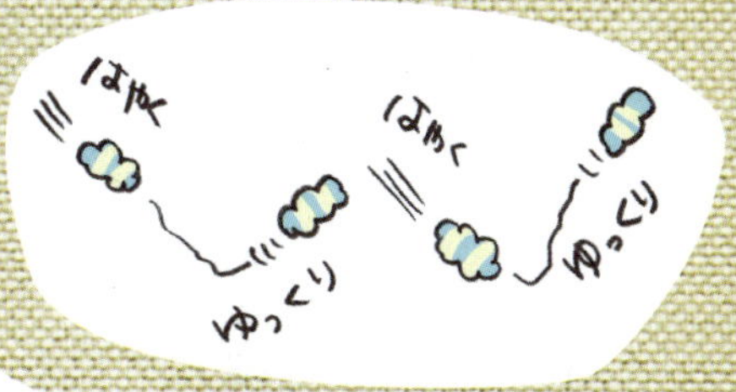
はやく
ゆっくり
はやく
ゆっくり

カクッ、カクッとスピードを
変えるながらジグザクに動く

カッ!

猫の瞳孔が突然開いたら
飛びだしてくるサイン

猫が飛びだしたら猛
スピードで逃げる

物陰にクッ、クッと
少しすつ入っていく
のもいい

キャー!

チラチラと見えたいた
ものが物陰に入り込ん
だ瞬間に猫は飛びだし
てくる可能性大

トカゲになりきる

トカゲになってみよう。草むらをガサガサと、あっちへ行ったりこっちへ行ったりするところを再現

毛布などの下にじゃらし棒を入れ、モコモコと歩かせる。わざと音をだすのがいい

ネコがジャンプして毛布の上から押さえ込んできたら……

毛布の下で必死で逃げるトカゲを再現。毛布からチラと姿を見せるのもいい

小鳥になりきる

ケガをして飛べなくなった小鳥を再現してみよう。ネコがいちばん、興奮するシチュエーション

釣り竿式のじゃらし棒の先を床につけガサガサと大きな音を立てる。飛ぼうとして飛べない小鳥のつもり

ネコが飛びつこうとしたら、最後の力をふりしぼって飛び立つ小鳥のつもりになって逃げる

ネコは捕まえようとしてジャンプする。小鳥は床に着地。ネコはまた小鳥をねらう。小鳥はまた飛ぶ。これでネコは連続ジャンプ

32 独自の遊びをつくりだす努力をする

遊びかたの基本を理解すれば、ネコも人も飽きずに遊ぶことができる。それはネコを理解することにつながる。同時にネコも人を理解してくれ、ネコとの間に連帯感のようなものが生まれる。連帯感が生まれたら、それ以降はオリジナルの遊びをいくらでも開発できるようになる。各家庭独自の、または特定のネコと人との独自の遊びがつくりだせるのだ。ネコはすでに人と遊ぶ楽しさを知っているから、人の誘いに積極的にかかわろうとする。すると、自然に遊びのルールができる。人とネコが共同でルールをつくり、遊びを完成させていく。それは不思議な世界である。

とはいえ、最初のきっかけづくりをするのは人である。ネコの性格を知っていれば、どんなしかけにネコが乗ってくるのかがわかる。「ダメモト」でいろいろと試すのもいい。そして乗ってきたら、そこから発展させるのだ。これも立派なコミュニケーション。人の遊び心とネコの遊び心との対話以外のなにものでもない。

「子ネコのときにしか遊ばない」と考えるのは間違いだ。野生の場合、おとなになると“生活”していくことにせいいっぱいで、遊ぶヒマがなくなるだけだ。“生活”に心配のない飼いネコは、いくつになってもよく遊ぶ。年をとって体が動かなくなるまで遊び続ける。いつまでも遊ぶ“余裕”がもてること、それは飼いネコの特権ともいえる。

飼いネコの特権を守り続け、コミュニケーションを取り続ける。短いようで長い飼いネコの“人生”を考えたとき、それがいちばんの幸せだろう。最期まで、お互いの心が通じ合う絆の中ですごさせること、それが飼い主の最大の愛情である。

我が家のオリジナル遊び

キャッチ
ていっ
ムムっ
どっちだ？
こっち!!
はずれ〜♪

ネコの目の前に紙くずを丸めて置く。

ネコが片手でポイと落とす。それを人が両手で受け止める。

どちらかの手に握り、どっちだ？とだす。

ネコがどちらかの手をたたく！

ネコは真面目な顔をしているが人は死ぬほど笑える（笑）

遊ぶ時間は1回につき約15分でOK

「遊んであげなくては」とは思うけど、忙しくて時間がとれないという人もいるだろう。だがネコは持続力のない動物で、激しい動きを長時間、続けることはできないのだ。15分間も走り回れば息があがる。疲れて横になり、目がトロンとしてくる。つまり、1回につき15分も遊ばせれば十分なのだ。

ネコがすぐに疲れるのは、肉食動物としての特性なのだ。ウマやシカなどの草食動物たちは、敵から逃げる手段として“走って逃げる”という方法を取る。だから、走り続けることに関しては持続力があるのである。一方、それらを捕らえる側である肉食動物たちは、すぐれた瞬発力をもつものの、持続力はない。草食動物たちは、いつも周りを警戒し、イザとなればとにかく走り続ける。走り続けさえすれば、持続力のない肉食動物は疲れて追いかけるのをあきらめるという寸法である。肉食動物は瞬発力で勝負をし、草食動物は持続力でそれに対抗するわけだ。肉食動物の中でもネコの仲間はとりわけ瞬発力があり、その代わりにとりわけ持続力がない。それが、すぐに疲れる理由である。

瞬発力をおおいに使わせる遊びをさせれば、ネコは15分でへこたれる。要するに、1回につき15分の遊びを1日に1〜2回、コンスタントに行えば、ネコは十分に満足する。ちょっとした息抜きの時間をネコとの遊びにあてると考えれば、決してむずかしいことではない。

毎日の遊びが日課になれば、ネコが「そろそろ遊ぶ時間じゃない？」という顔をして誘いにくるようになる。じゃらし棒をくわえてもってくるネコや、いつものスタート地点で用意して待つネコもいる。これも、なかなか楽しいことである。

いろいろな遊びかた

壁に懐中電灯の光をあてて動かす。

家の中でかくれんぼ
ネコはじょうずに待ち伏せをする。

紙くずや小さなボールを投げる。もって来させるのもいい。じょうずにキャッチするネコもいる。

たんなる追いかけっこも意外に楽しい。

33 スキンシップは健康管理の一環でもあるという意識をもつ

ネコを抱く。ネコをなでる。やわらかくて温かい手ざわり、ゴロゴロとのどを鳴らしながら見あげるネコ。なんともいえない幸せな時間である。多くの人が、このスキンシップこそがネコを飼う喜びだと感じている。

スキンシップとは愛なのである。その愛は安心をもたらし、心も体もリラックスさせてくれる。そもそも、哺乳類の動物はみな、スキンシップの愛でリラックスするようにできているのだ。哺乳類の赤ちゃんは、母親が体をなめてくれたり寄り添ってくれたり抱いてくれたりすることで安心し、リラックスするのである。それは血圧や脈拍を下げ、消化液や成長ホルモンの分泌をうながしてくれる。つまり、身心のすこやかな成長をもたらすわけだ。極端な話、どんなに食糧が足りていたとしても、スキンシップなしでは健康な成長は望めないといって過言ではない。

スキンシップの愛による安心とリラックスは、おとなになっても変わらない。だから人はネコを抱くと幸せなのだ。もちろん、おとなのネコも同じ理由で幸せを感じる。双方とも血圧や脈拍は下がり、体がリラックスした状態になる。それは人とネコとの健康に寄与しているはずである。だが飼い主は、スキンシップをさらにネコの健康に寄与させる必要がある。毎日、ネコの体にさわることで、体の異常を早期に見つけるという役目をはたさなくてはならないのだ。抱けば体重の変化もわかる。どこか痛いところがあればわかる。いつもと違う“なにか”は、スキンシップによって発見できるはずである。幸せな時間にひたりながらも、飼い主は少しだけ神経のアンテナを張っていてほしいものである。

抱っこ嫌いのネコのスキンシップ

抱っこ嫌いのネコは
人にさわられるのが嫌い。

でも自分が人にさわる
ことには抵抗がない。

ネコがさわってきても
手をださない。
やりたいように させておく。

ただの"敷物"になって
いれば、ヒザに乗って
くるかも。熟睡したら
ソッとさわる。

そうやっているうちに、だんだんとなれるもの。

ネコは全身マッサージが好き

ネコとのスキンシップタイムには、ぜひ全身マッサージをしてあげてほしい。ツボは……などとあまりむずかしく考えることはない。自分がマッサージされると気持ちのいい場所、それと同じ場所をマッサージすればいい。ネコが気持ちよさそうな顔をすれば、当たりだ。ツボは基本的に私たちと同じなのだ。

まず顔を、毛の向きに従って指の腹でやさしくなでる。ネコが「もっと」という顔をしたら、そこを重点的にやってあげよう。眼《がん》窩《か》(眼球が入っている頭蓋骨の穴)の縁をていねいに指圧するのもいい。私たちも、ここを指圧すると気持ちがいい。ネコも同じ気持ちよさを感じるのだろう。

顔が終わったら、額の中央から頭頂部にかけて指圧する。頭蓋骨が筋のように盛りあがったところがあるが、そこを指の腹でモミモミと押していく。ネコは「なかなか」という顔をする。

次は首から背中にかけてマッサージする。左右の肩甲骨《けんこうこつ》の間は、かなり気持ちがいいようだ。あとは、前足や後ろ足をやさしく握ってマッサージ。「元気になれ〜」と念じながらやるのが、コツといえばコツである。

最後は、ヒザの上に仰向《あおむ》けにすわらせて、お腹を「の」の字マッサージだ。ネコのおなかを正面から見て「の」の字を書くつもりでやる。これが腸の中身が動いていく方向だからだ。手のひら全体を使ってやる。便秘症のネコの場合、これはかなりの効果がある。便秘症でなくとも、「気持ちい〜」という顔になることうけあいである。

スキンシップのリラックス効果に加えてマッサージ。楽しくて幸せな健康増進法である。

じょうずなマッサージ法

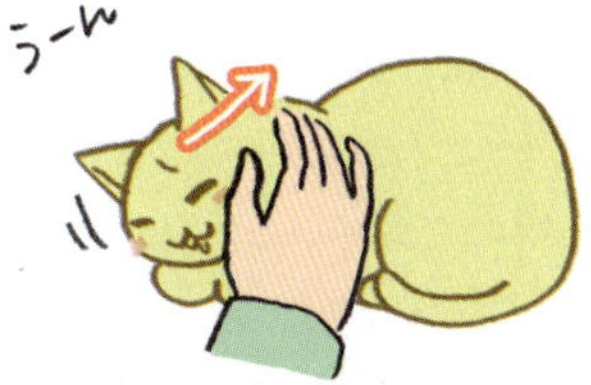
うーん

顔を毛の向きに従って指の腹でなでる。

額中央から頭頂部にかけて指圧。

あー
そこそこ〜
ゴロゴロ
ゴロゴロ

くう〜
ゴロゴロ

首から背中にかけてマッサージ。肩甲骨の間の指圧は結構、喜ぶ。

手と足はやさしく握る。

きゅっ
きゅっ

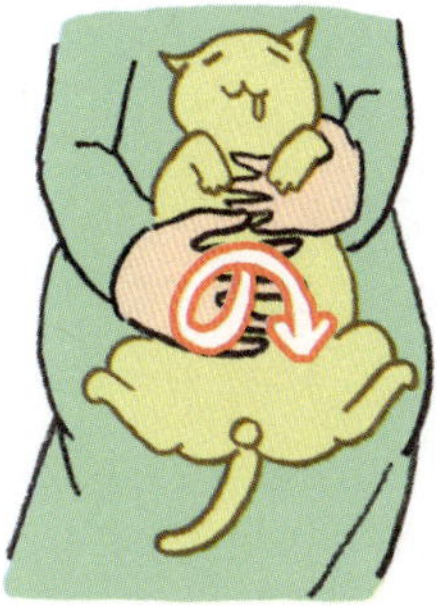

ひざのうえで おなかの「の」の字マッサージ。

34　ペット感染症の知識をもつ

医学的観点から考えると、夜、ネコといっしょに寝るのはよくないとされる。「寝室にペットは入れないほうがいい」と、医師たちはいう。ペットから人にうつる病気（ペット感染症）の心配があるからだ。だが現実には、多くの人がネコと寝ている。「寝室」がないから、物理的に無理という人もいる。なによりも、ネコと寝る幸せはなににも変えがたいと思っている人はたくさんいる。いまさらやめることなど不可能だという人は多い。

だったら、もっと現実的な考えかたをしたほうがいい。ペット感染症の知識をもったうえで、ネコと寝ればいいのである。どんな感染症があるのかを知り、なにに気をつけなくてはならないのかを知ることだ。体に不調があるときはペット感染症も疑い、早めに病院で診察を受け、ネコを飼っていることを告げることだ。

ネコから人にうつる病気は意外に多く、7種ほどある。感染したら最後、重篤な状態におちいるというものはないものの、抵抗力が落ちているときは重い症状につながる可能性がある。人は40歳をすぎたころから抵抗力が落ちることを頭に入れて、ふだんから体力づくりと健康維持を心がけよう。糖尿病や肝臓疾患《かんぞうしっかん》のある人は、特に注意が必要だ。ぐあいが悪いときはネコと寝るのは避けたほうがいいだろう。

ペット感染症の中には、ふだんからの配慮で十分に予防できるものもある。予防のできないものについては体力づくりで対処する。変だと思ったらすぐに病院でみてもらう。そのうえでネコと幸せに寝てほしい。自分の腕枕でスヤスヤと眠るネコほど、愛くるしいものはない。この幸せを守るための心がまえが必要だ。

ペット感染症の基礎知識

細菌やウイルス、リケッチア、原虫などの微生物が体内に侵入して起きる病気のことを感染症という。

すべての病原体がすべての動物に感染するわけではない。微生物によって住める環境が違うからである

たとえばインフルエンザウイルスは、人やブタや鳥の体内で生き増殖するが、ネコやイヌの体内では生きられない。だから、ネコやイヌがインフルエンザに感染することはない

人にも動物にも感染するものを「人畜共通伝染病」という。

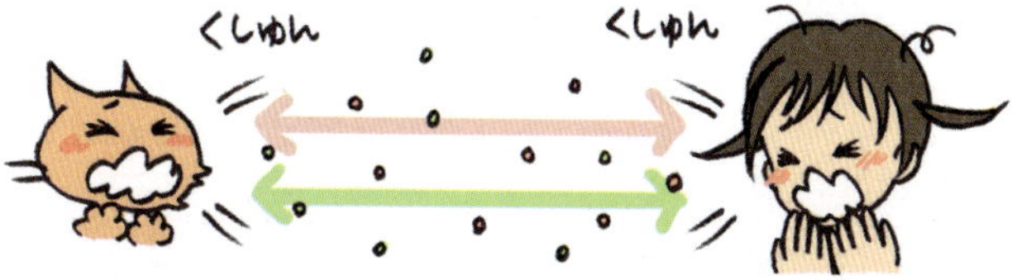

その中でネコやイヌ、トリ、カメなどのペットから人に感染するものを一般に“ペット感染症”といい、約25種類が存在する。

ネコから人にうつる病気

病名	病原体	感染経路
猫ひっかき病	細菌	ネコによるひっかき傷やかみ傷から感染。ノミのさし傷からの感染も考えられる
Q熱	リケッチア	哺乳類の多くが病原体をもつとされる。感染動物の乳汁、尿、糞便、胎盤、羊水などに排泄された病原体が空気中にまいあがり、粉塵とともに吸引
真菌症	真菌（カビまたは糸状菌）	感染した動物を抱いたりなでたりすることによる直接感染、感染した人から人への間接感染
疥癬《かいせん》	ヒゼンダニ	感染動物を抱いたりなでたりすることによる直接接触、または寝具などを介した間接接触
パスツレラ症	細菌	多くの哺乳類が保有する常在菌で、ネコの保有率は口腔内で100％、爪で20～25％。咬傷や掻傷、またはキスなどによる直接感染と飛沫感染
イヌ・ネコ回虫症	寄生虫（線虫）	糞便に排泄された虫卵が手指につき、またはネコをなでたときに虫卵が手につき、偶然、摂取してしまう経口感染
トキソプラズマ症	寄生虫（原虫）	感染したネコの糞便に排泄されたオーシスト（卵のようなもの）、または感染したブタ肉を摂取することによる経口感染

症状	ネコ
受傷の数日から2週間ほどのち、傷部が赤紫色に腫れる。化膿して膿を排出することも。リンパ節が腫れて痛む。全身症状としては倦怠感、発熱、頭痛、咽頭痛。予後良好だが、まれに脳症、髄膜炎などの合併症あり	保菌していても無症状
感染者の約50%は一過性の発熱、軽度の呼吸器症状で治癒。急性型Q熱では10〜30日で突然の発熱、頭痛などのインフルエンザ様症状。多くは約2週間で回復するが、進行すると気管支炎や肝炎、髄膜炎などを起こすこともある	軽度の発熱で終わることが多い。妊娠している場合は流産や死産を起こすことがある
顔や首、体などにかゆみのある発疹ができ、俗に「ぜにたむし」と呼ばれる。頭部に感染した場合は俗に「しらくも」といい、円形や楕円形の紅斑、または脱毛。かゆみのないものと、かゆみや疼痛のあるものがある。子どもに多く発症する	頭、首、足などに円形状に脱毛した箇所ができ、しだいに広がっていく
手、腕、腹などに赤斑ができて非常にかゆい。夜間のかゆみは特にひどい。手のひらや指の間に疥癬トンネルという灰白色または淡黒色の線状の発疹ができる	耳の縁や肘、かかと、腹などにかさぶたができ毛が抜ける。激しいかゆみ
60%が呼吸器感染症。日和見感染（体の抵抗力が落ちているときにのみ発症すること）の傾向があり、軽い風邪症状から肺炎まで症状はさまざま。糖尿病、アルコール性肝障害などの基礎疾患のある場合や中高年者には重症化の危険性がある	一般に無症状。まれに肺炎を起こすことがある
人に感染した場合は成虫になれないため、幼虫のまま体内を移行する。網膜や肝臓に移行して障害を与えることがある	下痢、腹痛、消化不良
母体内で胎児が感染した場合の先天性トキソプラズマ症以外のほとんどが無症状。先天性トキソプラズマ症の場合、早産や流産、胎児に障害が生じたりする。ただし妊娠初期に初感染した場合にのみ起こり、過去においてすでに感染している場合には影響がない。初感染かどうかは抗体検査で調べられる。また胎児が感染した場合でも治療は可能	ほとんどが無症状。まれに発熱や呼吸困難をともなう間質性肺炎や肝炎を起こすことがある

35 ペット感染症の予防を心がける

前ページに挙げたペット感染症で、ワクチンのあるものはない。ということは、病原体をなくすか感染経路を断つかしか、予防法はないことになる。感染症が存在することを忘れずに、日々の注意を怠《おこた》らないようにしたいものだ。以下の注意を習慣にすることをすすめたい。

①ノミ、ダニ、回虫などの駆虫をする。定期的に検便をする
②トイレの掃除をこまめにし、掃除のあとはかならず手を洗う
③部屋の掃除もこまめにする。なるべくカーペットは使わない
④部屋の換気をよくする。または殺菌効果のある空気清浄機を設置する
⑤外からの病原体を防ぐためにゴキブリやネズミの駆除をする
⑥口移しで食べ物を与えたり、食べている箸で与えたりしない
⑦キスをしない
⑧うがいを習慣にする
⑨室内飼いのネコは爪を切る
⑩人の健康を保ち、抵抗力を高める

「うちのネコはだいじょうぶ」と思いたい気持ちはわかるが、パスツレラ症の項をもう一度、読んでほしい。ネコの口の中には100%、この細菌がいるのである。だがネコにはなんの症状もない。ところが抵抗力の落ちている人には感染する可能性があるのである。

ネコにはなんの罪もない。感染しないように気をつけるのは飼い主の役目であり責任だろう。その責任をはたすことが、ネコを愛することでもある。

予防のために大切なこと

定期的に検便をして
駆虫をする。
こまめにネコトイレの掃除
をし、掃除後は手を洗う。

ゴキブリやネズミの駆除
をする。
部屋の換気をする。

食べている箸で与えたり、キスをしない。

室内飼いのネコの爪は切る。

うがいを習慣にする。

布団の中でしかできない観察もある

ペット感染症の知識をもち、予防する方法を知っていれば、ネコといっしょに寝るのは決して怖いことではない。怖いどころか楽しくて幸せ。そのうえ、おもしろい観察もできる。

まず、ネコが寝る位置だ。最初から人の腕枕で寝るネコもいるが、どうしても足もとで寝たがるネコもいる。布団の上の足もとに寝るか、たとえ布団の中に入ってきても足もとまでもぐって寝るというネコだ。複数で飼っている場合、それぞれの“定位置”を、寝ている人の顔からの距離として把握しておくとおもしろい。というのも、足もとで寝ていたネコが年をとるに従って、だんだんと人の顔の近くで寝るようになることが多いのだ。しまいには、枕の上で人の顔を枕にして寝るようにもなる。

おそらく、人との精神的な距離の変化なのだろう。ともに暮らすうちに人への依存心や依頼心が強くなり、それが顔の近くで寝るという行動をとらせるのだろう。愛《いと》おしいものである。

次に、腕枕で寝るネコの場合は、レム睡眠の観察である。人もネコも眠り始めてしばらくすると、ノンレム睡眠をへてレム睡眠へと移行する。レム睡眠時に夢を見ているとされ、人では閉じたまぶたの下で眼球が動く。ネコでは眼球どころか手足も体もピクピクと動く。だから手をそえていさえすれば、レム睡眠に入ったことが確実にわかる。

手もとに時計を置いておけば、何分でレム睡眠に入るのかが調べられる。レム睡眠とノンレム睡眠はセットとなってひと晩に何回か繰り返されるが、不眠症の人ならば、その周期も調べられるはずである。寝ながらできる、かついまだにデータのない貴重な研究の可能性大である。

寝はがらできるネコの研究

① ネコが寝る位置

性格によって違う。
年齢によって変化する。

② 睡眠の研究。

人もネコも睡眠中に
レム睡眠とノンレム睡眠
を繰り返す。
レム睡眠中、夢をみる。

室内飼いのネコは、飼い主
といっしょに寝るようになる
ので観察がしやすい。

レム睡眠に入ったネコは
すぐわかる。寝言をいう
こともある。

レム睡眠の周期を
計ってみよう。ただし、
不眠症の人にしか
無理。

36 ネコの気持ちを読む努力をする

「ネコはなにを考えているのだろう。それが知りたい」という人は多い。ジーッと顔を見られたりすると、そう思ってしまうのはよくわかる。だがネコは「なにかを考えている」というよりも「なにかを感じている」というべきだ。もちろん、「どうやったら○○ができるか？」というときは、多少考えてはいるようだが、それでも直感に頼っているといっていい。少なくとも、複雑なことは考えていないと思って間違いない。一点を見つめ沈思黙考《ちんしもっこう》しているように見えても、実はボーッとしているだけで、そのうち船をこぎ始めるのがオチである。

決してネコをバカにしていっているのではない。「感じている」ということを大切にしてほしいのだ。複雑なことを考えることができるのなら、「さっきはゴメンね」や「あとで○○してあげる」も通用するが、「感じている」が主流なら「感じた」ときがすべてなのだ。理屈抜きの「感じた」ことの積み重ねが、そのまま飼い主との関係になる。

ではネコは、どんなときに、どんなことを感じるのかだが、ネコは根性の悪い動物ではない。素直に喜びや安心や不安や不満を感じる生き物で、うらみやねたみ、嫌がらせなどとは縁がない。P10でも述べたとおりで、人間と同一視したらネコの気持ちを読み違えてしまうだけである。ネコがなによりも求めているのは「安心」なのだ。安心の中で飼い主の愛情を受け取るときに、幸せを感じるのだ。私たちが読み取るべきは、ネコの安心の度合いだ。ネコの不安材料と不満材料を取り除くために、私たちはネコの気持ちを読む必要があるのである。

ネコはなにを考えているのか

哲学してるのか？

実はボーッとしているだけ。そのうち眠りこむ。

ネコは複雑なことは考えていない。単純に嬉しいとか不安だとか怖いと感じる動物。

鳴き声は不満の表れ

動物の言葉はおもにボディランゲージ、つまりしぐさで表す言葉だといわれる。私たちが使用する言葉と違うのは、伝えようと思っているわけではないのに自然に気持ちが表れてしまうという点だ。その気持ちを相手が読み取って反応する、それが動物の言葉である。

人間にもボディランゲージはある。困惑している人間が思わず眉《まゆ》を寄せたり、うれしいときについ口もとがほころんだり、悲しいときや感動したときに涙をうかべたりするのがそうだ。感情が表れる言葉という意味で、ムードランゲージともいう。

ムードランゲージという意味では、ネコの鳴き声も同じだ。人間はなにかを要求していると解釈するが、基本的には不満の気持ちの表れだ。「ゴハンをくれ」ではなく「おなかがすいた」「戸を開けてくれ」ではなく「ここにいるのは嫌だ」「抱っこしてくれ」ではなく「なんだか寂しい」。要するに、満ち足りない気持ちが鳴き声として表れているのである。

ネコの「ニャア、ニャア」という鳴き声は、もともとは子ネコが母ネコに保護や世話を求めるためのもので、「困っているの、ここにいるから来て」と知らせるためのものである。飼いネコはいつまでも子ネコの気分でいるせいで、おとなになっても不満が鳴き声になるのである。甘ったれのネコほどよく鳴くといわれるのは、子ネコ気分の強いネコほど不満が鳴き声になるからである。

ボディランゲージに表れるのはおもに不安だ。そして鳴き声に表れるのは不満である。安心し、かつ満足しているときのネコは、これといった“言葉”は発しない。ただ気持ちよさそうに目をつぶっているだけである。

ネコのボディランゲージの基本は不安

体を小さく見せるのは不安が大きいとき。

コソコソ

フーッ

不安だけど強気で対処しようとするネコは体を大きく見せようとする。決して怒りの表れではない。

鳴き声の基本は不満

腹へった
座れなーい
ニャーン
ここいやー
カリカリ
はいはい、ゴハンね
開けてほしいのね
どけってかい

不満によって鳴き声が微妙に違うからニクイ。
飼い主はちゃんとそれを理解するようになるからスゴイ。

37 微妙な感情はシッポの動きで読むべし

ネコが毛を逆立て背中を丸くし、耳を伏《ふ》せて「フーッ」というとき、一般に「ネコが怒っている」という。だがネコは、人間でいう「怒り」を感じているわけではない。実際よりも自分を大きく見せて、「それ以上、近寄ったら攻撃するぞ」と威嚇しているだけである。強がっているものの、内心は「怖い」と感じているのだ。「怖い」も不安のうちである。

ではネコは、不安と不満と安心と満足しか感じないのかということになるが、決してそんなことはない。ただ、ムードランゲージとしては明確に表れてはこないから、よくわからないとしかいいようがない。とはいうものの、ネコが感じているであろう微妙な感情を推測できる方法がある。シッポの動きを見ることだ。ネコのシッポは、熟睡しているとき以外、常に動いているといっていい。そして、その動かしかたには実に微妙なバリエーションがあるのである。その微妙さが、そのまま微妙な感情だといえる。

どんな感情のときに、どんな動かしかたをするのかを、具体的にいうのはむずかしい。いえるのは、強くなにかを感じているときには強く、なんとなくなにかを感じているときには弱く振るということだけだ。これにシッポを根もとから大きく振ったり、シッポの先だけを振ったりという変化が加わると、数えきれないほどのバリエーションになる。

シッポが表す微妙な感情は、毎日ネコと接し、愛情をもってネコを見ている飼い主にしかわからない。ともにすごし、ネコの気持ちに同調することができたとき、シッポが表すネコの言葉がわかるようになる。

ネコのシッポに表れる気持ち、その基本

ビックリしたときは一瞬
ふくらむ。

振っていたシッポが一瞬、止まる
のは思考も一瞬、止まったとき。

強く振るときは強い感情。
嬉しいのか不満が強いのかは
飼い主が判断するしかない。

ゆったりと振るときは
ゆったりした感情。

根元から大きく振ったり、先だけ
をピクピクと振ったりと、
バリエーションは豊か。
毎日見ていると気持ちが読める
ようになる。

ちょっとしたしぐさが表す気持ちもある

ボディランゲージというほどではないが、ネコの気持ちが読めるしぐさがある。驚いたあとなどに背中をちょっとだけなめるしぐさだ。タンスの上で昼寝をしていて、寝返りしたら落下した、というようなときにもやる。動揺した気持ちを落ち着かせるためにするのである。

ネコは子ネコ時代、母ネコに体をなめてもらうスキンシップで落ち着いた気分になった。おとなになっても、自分でやるグルーミングでリラックスし、なめ終わると同時に睡魔に襲われるほど。それほどにスキンシップは気分を落ち着かせてくれるのだ。

突然、知らない人が家に入ってきて驚いたとか、昼寝の最中にタンスから落ちたというとき、ネコは無意識のうちに自分を落ち着かせようとして自分にスキンシップを与えるのである。それが、背中をちょっとだけなめるという方法だ。パターン化した行動で、2〜3回ペロペロとなめて終わりになるが、そんなときは、ゆったりとした気分でネコを抱き、完璧にリラックスさせてやりたいものである。

また、昼寝から覚めたネコを抱いたとき、ネコがキスをするかのように口を寄せてくることがある。外出から帰ったときも同じことをする。情報を得るために口のニオイを嗅いでいるのだ。「なんかウマイもん、食ってきた？」というところだろう。もともとはネコどうしのあいさつのようなものだが、人を仲間だと思っているゆえの行動だ。キスをするのではなく、口のニオイを十分に嗅がせてやればいい。それでネコは満足するのだ。

ネコの気持ちにこたえるためには、まず人がネコの気持ちになることだ。ネコ的発想で、ネコに対処することだ。

こんなところにもネコの気持ちは表れる

ネコを抱いて顔を寄せると、ネコの瞳孔が大きくなったり小さくなったりする。愛情の表れ。

保護したばかりのネコの目を近くから見ると、瞳孔が急に大きくなる。恐怖の表れ。

瞳孔には感情のたかぶりが表れる。

なれていないネコとは目を合わせないことが大切。ネコは敵意の表れとして受け取りおびえる。

38 マーキング行動から気持ちを読む

ネコはなわばりをつくる動物で、自分のなわばり内にニオイなどで自分の“印”をつける習性がある。マーキングといわれるが、この行動から気持ちを読むこともできる。

まず、顔からでるニオイをつける行動だ。ネコのほほやアゴにはニオイのでる臭腺《しゅうせん》があり、リラックスした状態のとき、あちこちに顔をこすりつける。リラックスしているということは安心しているということで、そこはネコにとって安心できる場所、つまりなわばりの中心なのだ。つけたニオイは「安心のニオイ」。よって、そこはますます安心できるエリアになるという寸法だ。安心できる場所でリラックスするたびに、安心のニオイをつけてメンテナンスをしていることになる。このニオイつけは家具の角などでよくやるが、人の足にやることもある。人をも含んだ自分のなわばりということなのだろう。

もう1つのマーキングは、爪とぎあとだ。爪とぎをすると肉球からでるニオイがつくが、これもネコにとっては大切なマーキング。気分が盛りあがり、「よ〜し、イッチョやったるか〜」というときに爪とぎをする。すると、「やったるか〜」の気分がニオイとして残る。「このなわばりには元気なネコがいる」という、侵入者に対するアピールだ。

最後に、スプレーというマーキングもあるが、これは不安なときにやるニオイつけだ。未去勢のオスがやることが多いが、去勢したオスやメスもやることはある。侵入者があるときや、知らない場所に行ったときなど、大きな不安にかられたときにやる。同居ネコとどうしてもうまくいかないときにも見られる。

ネコのマーキング

家具の角などに顔をスリスリ。安心しているときのニオイつけ。

人の体にやることもある。つけたニオイは人間にはわからない。

爪とぎによるニオイつけ。元気なニオイをつけて侵入者にアピール。このニオイも人間にはわからない。

不安なときにやるニオイつけ。スプレー。これはメチャクチャくさい。

子ネコのなごり行動から気持ちを読む

飼いネコはいつまでも子ネコ気分のままでいるという話はP12で述べたが、子ネコ気分のままでいるせいで、子ネコ特有の行動がおとなになっても残っていることがある。甘ったれのネコほど多い。オスネコのほうがより多い傾向もある。

まず、シッポを真上にピンを立てて飼い主に近寄ってくる行動だ。もともとは子ネコが母ネコに世話を求めて近寄るときにするしぐさだ。おそらく、こうするとお尻をなめてもらいやすいからだろう。飼い主にエサをねだるときや、抱っこしてもらいたいとき、子ネコの気分そのままになってシッポが立つ。

そして抱くと、のどをゴロゴロと鳴らす。これもオッパイを飲んでいたときの習性だ。子ネコはオッパイを飲みながら、ゴロゴロという。オッパイを飲んでいたときと同じ安らぎと満足を感じているときだ。

さらに、両手で人の体をモミモミするネコもいる。前足を交互に動かすが、これはオッパイを飲んでいるときの動きそのものだ。子ネコは両手で乳房を交互に押しながらオッパイを飲む。そうすると乳がよくでるからで、オッパイを飲んでいるときとまったく同じ気分になっている証拠だ。

モミモミは人の体だけでなく、毛布の上でやったりもする。やわらかいものとの接触が、子ネコ時代へといざなうのだろう。毛布を吸いながらモミモミするネコもいる。

“赤ちゃん返り”ということになるが、飼いネコは一生、独立する必要はないし、赤ちゃんのままでかまわない。そのほうがかわいいし、ネコはかわいがられてこそ幸せなのだ。「よし、よし」とやさしく体をたたいて、寝かせてやろう。

鳴き声に表れるネコの気持ち

拒絶の表れ。
「それ以上、近寄ったら攻撃するぞ！」

シャー

ギャ

明らかに悲鳴。
シッポを踏んでしまったとき。

あっ！
ゴメンよ

母ネコが子ネコを呼ぶとき

ぐるるん
ぐるるん

恋鳴き

わーお〜
わーお〜

獲物に興奮しているとき。

ニャニャニャニャ
ニャニャニャ

じー
ピピピ
チチチ

39 人間の赤ちゃんとの同居には注意する

ネコを飼っている人が妊娠した場合、昔は「ネコを手放せ」といわれた。ネコを飼っていると胎児に障害がでるといわれた。それはトキソプラズマ症のことを指しているのだ。

トキソプラズマ症は、原虫が寄生して起こす人畜共通感染症だ（P150参照）。母体内で胎児が感染した先天性トキソプラズマ症の場合、早産や流産を起こしたり、胎児に水頭症などの障害がでたりする。ただし、先天性トキソプラズマ症状は妊娠初期に初感染した場合にのみ起こり、過去においてすでに感染している場合には影響がない。トキソプラズマ症は加熱不足のブタ肉から感染することもあり、実際には多くの人が過去に無症状のまま感染して抗体をもっている。抗体をもっていればなにも心配することはない。先天性トキソプラズマが心配されるのは、妊娠初期に初めて感染した場合のみである。

日本で妊婦が初感染する率は年間0.125％。そのうちの約2.5％が胎児に感染すると推定される。初感染かどうかは抗体検査で調べられるし、もし胎児が感染した場合でも治療ができる。

妊娠予定のある場合や実際に妊娠した場合は、病院でトキソプラズマの抗体検査をしておくと安心だ。さらに、ネコのトイレの掃除のあとは手を洗うなど、清潔と健康に十分に気をつけよう。そして赤ちゃんが生まれたら、ネコの爪をこまめに切るなどしてケガのないように気をつけよう。必要な注意さえすれば、赤ちゃんとネコは十分に共存可能である。人間の赤ちゃんといっしょに暮らしているネコたちはたくさんいる。生まれたときから動物とともに育つ子は、やさしい子どもとして成長するはずである。

赤ちゃんとネコ

感染症にならないために

定期的にネコの駆虫をきちんとしよう。
ネコトイレの掃除をこまめに。

掃除のあとはかならず手洗い。

生まれてしばらくは、赤ちゃんが寝ている部屋にネコが入らないようにしよう。

爪でケガをしないようにネコの爪は切っておく。

どうしても飼えなくなったとき

ネコを飼い始めるとき、どんなことがあっても最後まで飼うと決めていても、どうしても飼えなくなることはある。ひとり住まいの人が病気で長期入院を余儀《よぎ》なくされることもある。事故で突然、亡くなることだってある。努力いかんにかかわらず、人生なにがあるかわからない。

そういうときにネコをどうするのか、ふだんから考えておくことは大切だ。絶対にしてはならないのは、安楽死をさせることである。どんなに過酷な状況になろうとも、人は生きてさえいれば、いつか落ち着くときがくる。そのときにかならず後悔する。ネコが病気やケガで死期がせまり、すでに苦しむためだけに生きているような状態なら話は別だが、そうでないかぎり、安楽死はさせてはならない。人の都合でネコを死なせることだけは、絶対にしてはならないのだ。

では、本当に飼えなくなったときはどうするのか。新しい飼い主を探すのが、飼い主としての責務だろう。だが、ネコの新しい飼い主を探すことは、とても大変なことである。知人やインターネット、張り紙などなど、あらゆる手を使って探すしかないが、時間のかかることである。

だったら、ふだんからイザというときの手を打っておくことだ。金銭的な問題を考えなくてもいいのなら、飼えなくなったときに引き取って最期までめんどうをみてくれる施設もある。契約しておけば安心である。

金銭的に余裕のない人は、ネコ友だちをつくっておくことだ。イザというときはお互いに助け合うという約束をしておき、万が一のときは連絡先がわかるようにしておこう。

万が一のときネコが路頭に迷わないために

ひとり住まい

ネコ2匹。

友人をたくさんつくって
おこう。イザというとき
は頼むと約束して
おこう。

万が一のとき、かならず
連絡がいくように
しておく。遺産も
つけるようにしておく
と、もっと安心。

へんがお写真館 Part.3

わー、胃の中まで
見えそうだニャ!!

寝起きは
ストレッチに
かぎるニャ!

その角度からは
自信ないニャ…

第4章

病気にさせないための秘訣

この章では、ネコが病気にかからず健康な毎日を送り続けられるように、人間と同じく早期発見が重要であることや、ネコがかかる感染症の基礎知識、自宅でできる応急処置まで、飼い主が日常気をつけておくべきことを紹介します。

40 早期発見が病気を治す最大の武器であることを知る

ネコも当然のことながら病気をする。だが、人間のように「体がだるい」とか、「胃がキリキリと痛む」などとはいわない。そして動物とは、ぐあいが悪くても元気にふるまうものである。野生の血がそうさせるのだ。誰が見ても「明らかにぐあいが悪い」となったときは、相当病状が進んでいると考えたほうがいい。

だからこそ、病気の早期発見が大切なのだ。早期発見と早期治療、これがネコを守ってくれる。そして早期発見ができるのは飼い主なのだ。ふだんの様子をよく知っている人間の「なにかいつもとは違う」という感覚はなによりも正しい。飼い主なら、「ネコの顔色が悪い」ことが見抜けるのだ。

ただし、動物病院に連れてきて「顔色が悪い」と告げられても先生は困る。「なにかいつもとは違う」と感じたら、どこがどういうふうに違うのか、見きわめる必要がある。たとえば食欲がないとか、飲む水の量が多いとか、オシッコの回数が多いとか、歩きかたがおかしいとか、おなかをさわると痛がるとか、具体的な症状を探し、それを獣医師に告げなくてはならない。これこそが飼い主の役目であり、ふだんの様子を知っている人にしかできないことなのである。獣医師はそれによって適切な検査ができる。

ネコにはどんな病気が多いのかを、知っておく必要もある。どんな症状がでたら要注意なのかも知っておく必要があるだろう。また、「病院に連れて行ったほうがいいのか？」と思いながら、いつまでも“様子見”を続けないことだ。手遅れになるより、「たいしたことはなかった」で終わるほうがずっといい。早期発見を早期治療につなげること、これが重要である。

「いつもと違う」と思ったときのチェックポイント

★ 熱は？いつもより体が熱い？

★ 貧血は？

★ 歯ぐきの色はいつもと比べてどう？

目が覚めて時間がたっても鼻の頭が乾いたままなのは熱があるとき。

★ 鼻水、目やには？

★ 食欲は？

★ 飲む水の量は？

★ オシッコの回数は？

★ 下痢は？

★ 何度も吐く？

★ どこか痛いところがある？

抱くといやがるときは要注意。

動物病院との連係プレーで治療をする

ネコを飼い始めたときから、ホームドクターを探しておこう。予防注射や避妊・去勢の手術などで、何度か動物病院に行く機会はあるはずだ。そのときに、どんな先生がいる病院なのかを確かめておくといいだろう。

飼い主は、獣医師を信頼してネコの治療を託すのだから、どんな先生なのかを吟味《ぎんみ》してかまわない。飼い主と獣医師とは人間どうし、相性は大切なのである。「この先生なら信頼できる」という気持ちのないまま治療を頼むと、万が一のとき、獣医師をうらむことにもなる。それではネコも飼い主も獣医師も救われない。なにがあっても信頼できると思える獣医師のいる病院を探し、ホームドクターにしておくのがいいだろう。相性が悪いと思ったら、翌年の予防注射は別の病院に連れて行けばいいのである。

ネコのぐあいが悪くて、病院に連れて行くときは、行く前に電話でどんな症状なのかを告げておこう。獣医師は必要と思える検査など準備をして待つことができる。そして実際に病院に着いたら、症状をできるだけくわしく、簡潔に説明する。うまくいえないと思うのなら、メモをつくっていくといい。

獣医師は、いろいろと説明をしてくれるはずである。それをキチンと聞いたうえで、わからないときは質問をしてかまわない。「よくわからないけど、すべておまかせ」ではダメなのだ。特に、家で薬を飲ませる必要があるときは、いわれたとおりに飲ませないと効果がないどころか、悪化することさえある。

病気の治療は、獣医師と飼い主との連係プレーなのである。獣医師には獣医師の役目、飼い主には飼い主の役目がある。それぞれが役目をはたさないと、病気は治らない。

ホームドクターの探しかた

どこが
いいと思う?
ホ
ミーちゃん、太りすぎ
でしたよね…
異状なし!
うむ!

電話帳で探す。
または近くのネコ
友だちに聞く。

予防注射などで
行ってみよう。
相性が悪いと思ったら
別の病院にも行ってみる。

ホームドクターが決まったら、
ネコの一生が終わるまでの
つきあいになる。自分のネコ
のことを知っているから安心。

治療は獣医師と
飼い主との連係プレー
まかせっきりはダメ。

41　予防接種の知識をもつ

ネコがかかりやすい病気の中に、ウィルスで感染し、かつ感染すると死亡率の高い病気がいくつかある。だが、それらのほとんどは予防接種で予防することができる。免疫をつくって感染を防ぐ方法だ。もし感染しても軽い症状ですむ。病気の原因となる病原体には、細菌やウィルス、寄生虫などがあるが、ウィルスだけは薬で直接、殺すことができない。ウィルスは、体内にできた抗体によってしか退治できない。その抗体をつくる方法がワクチン接種、つまり予防接種なのである。

現在、ネコのワクチンは6種。猫汎白血球減少症、猫ウィルス性呼吸器感染症2種、猫白血病ウィルス感染症、猫免疫不全ウィルス感染症、猫クラミジア感染症である。何種のワクチンを接種するかは獣医師と相談してほしいが、いずれにしろ注射は1回につき1本と考えていい。たとえば3種を接種する場合には、3種混合として注射は1本だという意味である。

室内飼いのネコには感染の危険はないのではないか？ と思うかもしれないが、人が外からウィルスをもち帰る危険性がないとはいえない。特にネコ好きは、外でネコにふれることがあると思うが、その手にウィルスがつき、もち帰るということも考えられる。来客がウィルスをもってくる可能性もある。動物病院の待合室でほかのネコと接触することもあるかもしれない。

またペットシッターを頼む場合は、予防接種をしていることが条件になる。多くのネコと接するペットシッターが病気を運んでしまうことのないよう、予防接種ずみのネコしか引き受けないことになっている。室内飼いでも、予防接種は必要である。

ワクチンのある感染症

感染症	症状	感染経路
猫汎白血球減少症（猫伝染性腸炎ともいう）	感染すると数日で急に症状がでる。発熱、食欲減退、嘔吐、下痢、脱水など。手遅れになりやすい	感染したネコになめられたりかまれたりして感染。感染したネコが使っているトイレや食器からも感染
猫ウィルス性呼吸器感染症の2種（ウィルス性鼻気管炎、カリシウィルス感染症）	くしゃみ、鼻水、発熱、結膜炎、口内炎。風邪のような症状	感染したネコのくしゃみなどの飛沫やだ液から感染
猫白血病ウィルス感染症	食欲不振、体重減少、貧血、口内炎、下痢、腎臓病、流産など	感染したネコになめられたりかみつかれたりして感染
猫免疫不全ウィルス感染症（猫エイズ）	感染初期には発熱、下痢、リンパ節のはれなどの症状。その後は症状のないまま数年がたち、その後口内炎や鼻炎、皮膚病などさまざまな慢性症状をへて免疫不全症候群で衰弱	感染したネコとのケンカのかみ傷、交尾で感染
猫クラミジア感染症	猫ウイルス性呼吸器感染症と似たカゼのような症状や結膜炎、角膜炎など。ほかのウイルスや細菌との混合感染によって症状が重くなる	感染したネコの目ヤニ、よだれ、鼻水、糞便との接触により感染

感染の危険性がある以上、予防接種は必要

前ページにある猫ウィルス性呼吸器感染症は、人のカゼに似た症状だが、人からうつることはなく、また人にうつることもない。猫免疫不全ウィルス感染症も同様に、人にうつることはない。これらの病気はネコ特有の感染症であり、ペット感染症（P148参照）とは違う。

猫ウィルス性呼吸器感染症はカゼのような症状だ。カゼなら、そんなに怖がる必要はないと思うかもしれないが、ネコの場合は別である。ネコはニオイで食物を食べるかどうかを決めているが、鼻がつまってニオイがしなくなると、どれも食べられないものとして判断し、なにも食べなくなるのである。それは衰弱につながるわけで、だから怖い病気になるのである。

さて、ネコがかかりやすい感染症の多くにはワクチンがあるが、ワクチンのないウィルス感染症もある。猫伝染性腹膜炎だ。感染したネコのだ液や鼻水、糞便、尿から感染する。ただし感染しても発症することはまれである。だが発症すると、ほとんどのネコが死亡する。

症状としては、腹水や胸水がたまる場合と、肝臓や腎臓にしこりができる場合とがある。いずれも全身症状として進行する。治療は、それぞれの症状を緩和するための対症療法しかない。

ワクチンで予防できる感染症、ワクチンのない感染症を含め、ネコにもさまざまな病気がある。必要以上に恐れる必要はないが、命にかかわる病気があることは、ぜひ頭に入れておく必要がある。それが、病気予防の意識につながり、ひいては早期発見、早期治療につながる。病気に対する知識と心がまえをもっていることが、まず大切なのである。

感染症以外の気をつけたい病気

回虫や条虫などの内部寄生虫。
ネコのベッドなどに白いツブツブ
が落ちていたら条虫がいる証拠。
検便をして駆虫を。

耳疥癬。ミミヒゼンダニの
寄生が原因。さかんに耳を
かゆがるときは病院で検査を。

ネコ泌尿器症候群。
尿中の結石が尿道などに
つまる病気の総称。トイレに
行くのに尿がでていない。
尿が赤いなどが症状。
治療が遅れると怖い病気。

糖尿病。肥満のネコに
多い。多飲多尿が
最初の症状。

42 予防接種は毎年の定期検診だと考える

ネコが生後2カ月をすぎてから最初の予防接種を行い、その1カ月後に2回目の接種をする。以後は、毎年1回ずつの追加接種を続けていく。生後2カ月以上のネコを保護した場合は、すぐに1回目の接種をする。子ネコは、母ネコがもっている免疫を、初乳を飲むことによってもらう。抵抗力のない子ネコを守るための自然のしくみだが、免疫をもっているうちに予防接種をしても効果がないのだ。子ネコの免疫は生後2カ月くらいまでに消えていく。だから、生後2か月をすぎてから接種をするわけである。それでも、まだ免疫が完全に消えていなければ効果がうすい。そこで、1カ月後の2回目の接種で免疫を確実なものにする。

ただ、もし母ネコが免疫をもっていなかったとしたら、子ネコも免疫はもっていない。母ネコが予防接種をしていることがはっきりしている場合は別だが、そうでない場合は万が一を考えて、予防接種が終わるまでは、ほかのネコがいる場所に連れて行くのを避けたほうがいい。

年に一度の予防接種は定期検診だと考えよう。気になることがあれば獣医師に聞くこともできるし、ネコに主治医の顔を見せておくのもいいだろう。獣医師もネコの性格や体質を把握してくれる。それは、イザというときの診断を受けたとき、かならず役に立つはずである。

ネコが年をとってくるに従い、かならずといっていいほど動物病院の世話にはなる。そのときのためにも、ホームドクターとのつき合いを続けておきたいものである。ネコの一生をホームドクターとの二人三脚で守るのだと考えておけば、間違いはない。

健康診断をかねて予防接種を

予防接種が
ホームドクターとの
つきあいの始まり。

毎年の予防接種は、
年に一度の顔見せ
でもある。気になること
があれば聞いてみよう。
先生もネコのことが
よくわかる。

ホームドクターとは
ネコの一生をつうじた
おつきあい。

家で療養するときの注意

病気やケガの程度によっては入院が必要になることもあるが、家での療養が可能な場合もある。その場合は、獣医師の注意をきちんと守り、飼い主が看護師の役目をはたす必要がある。特に、処方された薬は指示どおりに飲ませることが大切だ。飲ませる回数や量など、指示どおりに飲ませなければ効果がないばかりか、弊害《へいがい》がでることもある。

一般に、動物はぐあいが悪いとき、静かな場所にひとりでジッとしていたがるものだが、飼いネコの場合は性格によって違う。静かな場所でジッとしていたがるネコもいれば、反対に人のそばにいたがるネコもいる。ふだんは甘ったれなのに、ぐあいが悪いとさわられることさえいやがるネコや、ぐあいが悪いとますます甘ったれになってスキンシップを求めるネコがいる。おそらく、ぐあいが悪いと野生的な本能が表れるネコと、どんなときも子ネコ気分のままでいるネコとの違いだろう。

自分のネコがどのタイプなのかは、実際にぐあいが悪くなってみないとわからない。どちらのタイプなのかを慎重に確かめて、対処しよう。ひとりでジッとしていたいネコならば、静かな場所にベッドをつくり、ソッと様子を見守りながら看護をしよう。そばにいてほしいタイプのネコならば、いつも見える場所にベッドを置き、静かな環境はつくりながらも、こまめに声をかけたり体に手を当てたりしてあげよう。ひとりでいたいタイプはひとりでいたほうが、スキンシップをほしがるネコはスキンシップがあったほうが、回復を助けてくれるはずである。

気候によってベッドを置く場所や空調にも気をつけよう。冬はペット用のホットカーペットを使うのも方法である。

上手な薬の飲ませかた

① 食事に混ぜる。

錠剤なら粉になるまで砕き、まず少量の缶詰に混ぜて全部食べさせてから残りを与える。

② 錠剤を直接飲ませる。

頭を後ろから手でかかえるようにして口角に指をあてて口を開けさせ、喉の奥のほうに入れる。手前に入れると舌でだしてしまうので注意。

③ シロップを飲ませる。

スポイトに入れ、口の横から歯の間に入れる。

43　応急処置の方法を頭に入れておく

やけどや骨折、感電など、家の中にも事故の危険性はある。事故が起きないような注意は当然だが（P82参照）、万が一のときのために応急処置の方法を頭に入れておくことも大切だ。知っていれば、パニックを起こすことなく対処できるはずである

基本は人間の場合の応急処置と同じだ。落ち着いて応急処置をし、一刻も早く動物病院に運ぼう。

※粘着テープがくっついた

はがしたあと、食用油でふくとベタベタが取れる。これは病院へ行く必要なし

お尻から糸がでている

そっと引っ張って簡単にでてくるようなら、そのままだす。抵抗があるときは引っ張ってはだめ。そのまま病院へ。無理に引っ張ると腸を傷つける

包帯を巻いて病院へ!

切り傷

消毒液で傷口を洗い、しめすぎないように包帯を巻いて病院へ。血が止まらないときは、傷口より2〜3cm心臓よりを布でしばる

患部を冷やす!

やけど

水道の水を流しっぱなしにして15秒ほど患部を冷やす。滅菌ガーゼで傷をおおって病院へ

アイスの棒を添え木にする。

骨折

平らな棒で添え木をして包帯をまき病院へ。添え木はアイスキャンデーの棒が適切。添え木ができない場合は、タオルなどを下に当てて支えながら病院へ

おぼれた

両方の後ろ足をもって逆さまにし、水を吐かせる。呼吸が止まっていたら人工呼吸。心臓が止まっていたら心臓マッサージをして病院へ

感電

まずコンセントを抜く。手が届かない場合はブレーカーをおろす。電気を切る前にネコに触ったら人も感電する。呼吸が止まっていたら人工呼吸。心臓が止まっていたら心臓マッサージをして病院へ

熱射病

とにかく体を冷やす。グッタリしているときは水の中につけてしまってかまわない

フー
（3秒）

鼻から息を吹きこむ。

人工呼吸

横向きに寝かせ、口が開かないようにしながら人の口で鼻ごとおおい、鼻から息を吹き込む。約3秒間吹き込み、ネコの胸がふくらむのを確認。ネコが自分で呼吸をし始めるまで繰り返す

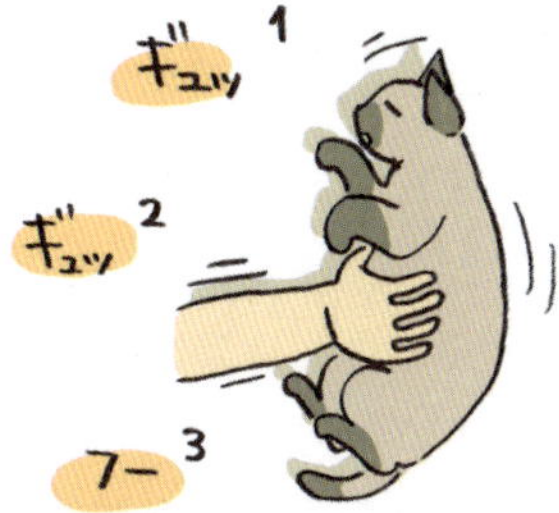
ギュッ 1
ギュッ 2
フー 3

1秒間に1回のペース
で30回繰り返す。

心臓マッサージ

横向きに寝かせ、片手でネコの肋骨を両側からつかむ。親指とひとさし指に力を1、2と入れ、3で抜く。これを1回とし、1秒間に1回のペースで30回ほど繰り返す。次の30回は人工呼吸も同時に行う

イザというときのために
ネコ用の救急箱
をつくっておくと安心。

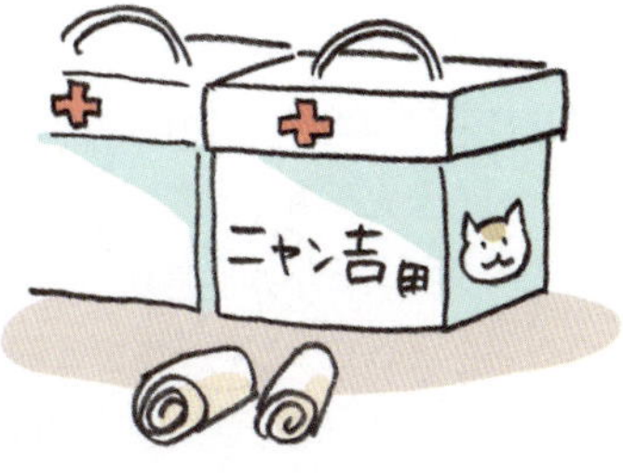
ニャン吉田

44　発情期のネコの様子を知っておく

メスネコは、生後1年前後で性成熟して、最初の発情を迎える。とはいっても、生後4カ月で発情を迎える早熟なネコもいれば、生後1年半近くなってやっと発情する晩熟なネコもいる。栄養状態や生活環境、また品種によって個体差はある。オスネコも生後約1年で性成熟に達するが、オスはメスが発情したときにだすフェロモンに反応して、初めて発情する。いいかえれば、発情したメスが近くにいなければ発情することはない。さらにメスの発情期にオスの発情は従うことになるので、最初の発情が訪れる時期には幅がある。ちなみに、「発情したメスが近くにいなければ」の「近く」とは、“同じ町内”くらいの広さを指す。メスといっしょに飼っていなければ発情しないという意味では決してない。

ネコは本来、日照時間が長くなると発情期を迎える動物であり、2月～9月の間に条件によって2～3回発情する。だがいまや家の中も町も人工光で夜も明るいせいで、本来なら発情の見られないはずの冬期にも発情するネコがいる。2月初めの最大の発情期を皮切りに、最多で年4回の発情期があると考えていい。

1回の発情期は約1.5カ月続く。交尾をして受胎したメスは発情が止まり妊娠期に入るが、受胎しないメスは1週間ほどでいったん発情が止まり、約10日後にまた発情する。交尾をさせなければ1.5カ月の発情期の間、これを2～3回繰り返す。

計画的な交配を考えている場合は、生後1年をすぎてから妊娠させるのが望ましい。それ以外は獣医師と相談のうえ、避妊や去勢の時期を決めてほしい。生ませるつもりがないのに手術をせず、発情したネコに交尾をさせないのは、残酷以外のなにものでもない。

発情期のネコの行動

メス

いつもと違う声で鳴く

オシッコの回数が増える

床に転がってコネコネする。
さかんに陰部をなめる。

尾の付け根あたりの背中をさわるとお尻を上げる。

食欲がなくなる。

オス

いつもと違う声で鳴く

とにかく外に行こうとする。
攻撃的にもなる。

妊娠と出産の知識

ネコは交尾の刺激で排卵をする。だから交尾をすれば、かなりの確率で妊娠する。妊娠期間は約2カ月で、一度に2〜6匹の子ネコを生む。

出産が近くなると、母ネコは巣を探し始める。安全に出産のできる場所を探し、家の中のいろんなところにもぐり込んで"吟味"するようになる。飼い主は段ボールやカゴなどで巣を用意するが、気に入るかどうかはネコしだいだ。母ネコの野生の本能としては、もぐり込めるような場所を好むので、巣箱におおいをつくることを考えたほうがいい。

ネコの性格によって、出産時にはひとりでこもりたいタイプと、飼い主にそばにいてほしいタイプとがある。野生的なネコはひとりでこもりたがるが、依存心の強いネコは不安のあまり飼い主にそばにいてもらいたがる。ただし、どちらのタイプなのかは、実際に出産が始まってみないとわからない。だから出産時、飼い主は家にいなくてはならない。

最初の子ネコが生まれると、母ネコは子ネコの羊膜をなめ取り、子ネコは自力で母ネコの乳首に吸いつく。胎盤が排出され、しばらくすると次の子ネコが生まれ、母ネコはまた同じように羊膜をなめとり、子ネコが乳首に吸いつくという経過をへて、全部の子ネコが生まれてくる。すべての子ネコが生まれ、全員が乳首に吸いつくまで、かなりの時間を要する。途中で異変が起きた場合は、すぐに獣医師に連絡して指示をあおぐ。

生まれたばかりの子ネコは、目も見えず耳も聞こえない。生後約1カ月間、巣の中でほとんど寝ている。排泄物は母ネコがすべてなめ取る。母ネコだけが食事のために巣からでてくる。

子ネコの成長

最初の約1カ月間、
子ネコは巣の中で寝ている。
母乳をだす母ネコには
十分な食事と水が必要。

約1週間で子ネコの
目が開くが、まだあまり
見えていない。
10日前後で目が開く。

生後2週間、乳歯が
生え始める。生後3週間
くらいから外の世界に
興味をもち始める。

生後3〜4週間、足腰
がしっかりしてきて巣から
でる。離乳食を食べ
始め、子ネコどうしで
遊ぶようになる。

45 生ませるべきかどうかをよく考える

子ネコはかわいい。親子の暮らしも興味深い。それは確かだ。だが、生ませるかどうかは真剣に考えるべきことだ。特に雑種の場合はそうである。純血種であってもペットタイプ（キャットショーにはだせないもの、または繁殖用としては適さないもの）の場合は同様である。

ネコが一度の出産で3〜5匹前後の子ネコを生むことは、P26で述べたとおりだ。その子ネコたちをすべて飼えるのでなければ、生ませるべきではない。生ませてはならない。誰かにもらってもらえばいいと考えるのは、あさはかとしかいいようがない。新しい飼い主を見つけることほどむずかしいことはないからだ。はっきりいって、飼い主を探している子ネコは無数にいるのが現実だ。さらに子ネコの成長は早い。生後3〜4カ月で子ネコの域を脱してしまい、もらい手はなかなか見つからないことだけは確実だ。

「生む喜びを奪いたくない」とか、「一度は生ませたい」というのは安易すぎる。生まれた子ネコの中にもメスはいる。その子にも「生む喜び」を与えていたら、あっという間に100匹を超える。そのネコたちを本当に飼えるのか。親子関係が見たいのなら、あわれな子ネコを保護すればいい。ネコは自分の子であろうとなかろうと、同じようにめんどうをみる。血のつながりなど人間社会の価値感でしかない。動物を飼うということは、健康も行動範囲も繁殖も、飼い主が管理するということなのだ。そうやって動物の一生を、人間社会の中で守るということなのだ。それを忘れないでほしい。ネコには「生む喜び」という発想はない。生まないままで十分に幸せに生きることができると信じる。

子ネコを引き取るという方法もある

へんがお写真館 Part.4

そーそこそこ♥

ちょっと
ここ暑いのニャ…

ボクの目と鼻は
どこかニャー？

第5章

幸せな老後のための秘訣

この章では、年をとったネコがすこやかな毎日を送り続けられるように、飼い主がネコの老化と向き合いじょうずに対処していく方法や、老化によるネコの心理の変化、そして最期にネコを幸せにみとるまでを紹介します。

46　ネコのライフサイクルを認識する

昔に比べればネコは長生きをするようになった。キャットフードの発達と獣医療の向上のおかげだ。室内飼いが増えたことも、大きな要因の1つである。3～5年といわれていたネコの寿命は現在、15年前後まで伸びている。20年以上生きるネコも決してめずらしくなくなった。

とはいっても人の寿命に比べれば、ネコの寿命ははるかに短い。ネコはあっという間におとなになり、あっという間に老いていく。家族の中の、もっとも幼い存在であったはずのネコが、家族全員を次々と追い越して老いていき、いずれいちばん先に死ぬのだという現実を、われわれは受け止める必要がある。ネコが10才をすぎたら、元気そのもので幼子のように無邪気であっても、実はライフサイクルの終盤にさしかかっているのだということを認識しておこう。それがネコの健康で豊かな老後につながるはずだ。

ネコも年を重ねれば病気になる可能性は高くなる。病気のサインを見逃さないよう気をつけよう。気になる症状があるときは、すぐに動物病院に相談しよう。「なぜ、もっと早くに連れて来なかったのか」と言われて後悔することを考えれば、とりこし苦労をするほうがいい。

また元気なようでも、だんだんと足腰は弱くなる。動きやすいよう、そしてケガをすることのないような環境づくりも心がけよう。1日の大半を寝てすごすようにもなるので、快適なベッドづくりも必要だ。飼い主には、いずれ訪れる最期に対する心がまえも必要だ。最期のときに、「きちんと見送ることができた」と心から思えること、それが飼い主の究極の役目なのだ。

ネコのライフサイクル

ネコの乳歯が生え始めるのは生後2～3週。人の乳歯が生え始めるのが生後7～8カ月。

ネコの生後2～3週は人の生後7～8カ月に相当すると考える。

なんでも食べられる！

ネコの永久歯は生後3～6カ月で生えそろう。人の永久歯が生えそろう5～12才に相当。

ネコが性成熟する生後1年は人の15～18才に相当する。

ネコの2才は人の24才に相当。以後1年に4才ずつ加えるのが目安。
ネコの15才は人の76才に相当する計算。

体や行動に現れるネコの老化

ネコは年をとっても若く見える生き物で、人はなかなかネコの老化に気がつかない。だが13～14才くらいからは、見た目の若さとは別に、老化の症状が現れ始める。

最初に気づくのは、あまり動かなくなり寝ている時間が長くなるということだろう。好奇心も弱くなり、周りのことにあまり興味を示さなくなる。食事とトイレの時間以外は、いつも寝ているようになる。

飼い主が帰宅したときかならず玄関まで出迎えていたネコも、だんだんと出迎えをしなくなる。聴力が衰えたせいで、玄関の開く音に気づかなくなるのだろう。部屋に入ってもグッスリと寝ている。そばで名前を呼ばれて、やっと「あら？」と顔をあげる。視力も衰えているのだろうが、家の中の暮らしでは人がそれに気づくことはあまりない。イヌと違い、ネコは老化による白内障がでることもあまりない。

また、グルーミングの頻度《ひんど》が減り、若いころほど熱心には体をなめなくなる。食べ物の嗜好《しこう》が変わり、若いときは食べなかったものを食べたがるようにもなる。夜中に台所のすみなどに行って大きな声で鳴くこともある。トイレ以外の場所でオシッコやウンコをすることもある。

ネコによって、さまざまな老化現象が現れる。飼い主はそれにうまく対処していかなくてはならない。手のかかることも多い。ウンザリさせられることもある。だがネコは、これまでと同じように生きているつもりなのだ。飼い主に対する依頼心は昔と変わらない。飼い主の愛情を求めていることも変わらない。それを忘れず、介護をするつもりでじょうずに対処してほしい。

年をとったネコの老化現象

Zz

ほとんど寝てばかりで出迎えにもこなくなる。

グルーミングをあまりしなくなる。

ケバ
ケバ

これ好きでしょ？

食べ物の好みが変わる。

夜中に鳴く。理由は不明。

わおーん
わおーん

トイレ以外の場所でそそうをする。

47　老ネコの健康管理を心がける

キャットフードには、子ネコ・母ネコ用、成ネコ用と表示されたもののほか、7才以上用または11才以上用と表示されたものなどがある。7才以上用や11才以上用は、高齢猫の栄養バランスを考慮してつくられたものだ。年齢にあったものを利用するといい。

若いときはキャットフードしか食べようとしなかったのに、突然人の食べているものをほしがるようになるネコもいる。人間用に味つけをされたものは、もともとネコにとって塩分が多すぎて腎臓に負担をかけるが、年をとったネコにはさらによくない。ねだられても与えてはならない。ほしがるときは、ネコ用のオヤツなどを少しだけ与えて、ネコの気をそらすのがいいだろう。

食べる量はあまり変わらないのに痩《や》せてきたと思ったときは、とりあえず病院でみてもらうことをすすめたい。また、ふだんからトイレの様子をよく観察することも大切だ。トイレに行くのにオシッコがでないとか、反対にしょっちゅう水を飲みオシッコの回数も多いという場合は、ちゅうちょせず病院に連れて行く。年をとったネコは膀胱炎《ぼうこうえん》や腎臓病になりやすく、早めに治療を始めないと手遅れになる。寝てばかりいるとしても、1日に一度はネコを抱いてあげよう。「抱っこ」をせがんで寄ってくることがなくなっても、抱っこぎらいになっているわけではない。ただ行動が鈍くなっているだけなのだ。おだやかなスキンシップと語らいは、老いたネコに幸せな時間を与えることだろう。やさしく体をなでることで、シコリなどの異常も見つけることができるはずだ。

ネコは短時間の触れ合いで満足し、またベッドに行って寝る。それでいい。それでネコの心の健康管理もできる。

老ネコのための環境づくり

高い場所には登れないようにする。飛びおりて骨折したら大変。転落も心配。

冬は暖かい場所、夏は涼しい場所にベッドを。静かに寝られる場所であることも大切。

冬の夜はペット用のホットカーペットやペット用コタツを使うのも方法。

一日に一度はスキンシップの時間をつくる。ネコの精神衛生のため。

トイレトラブルには鷹揚な気持ちで

年をとると胃腸の調子も衰える。その結果、下痢や便秘になりやすくなる。便秘と下痢を繰り返すこともある。あまり続くようなら病院に相談するといい。

トイレ以外の場所にそそうをしてしまうこともある。間に合わないとか、体力的な面でトイレに入りにくいという理由が考えられる。トイレの数を増やしたり、縁の低いトイレに変えたり、トイレではなくペットシートに変えてみたりと工夫をすることは大切だが、若いときのトイレトラブルと違い、ある程度はしかたがないとあきらめることも必要だ。特に便秘の末の排便については、どこであろうと「ウンコがでてくれただけでうれしい」と思う気持ちをもちたいものである。

トイレトラブルだけではない。食事の直後に吐くことも多くなり、カーペットや畳をよく汚す。やっと掃除が終わったと思ったらまた汚す、ということが続くと、さすがにイライラしてしまうが、ネコを叱ることだけはしないでほしい。悪気はないのだ。老化のせいなのだから、しかたがない。わかってやらないとネコがかわいそうである。

あまり神経質にならず、鷹揚《おうよう》な気持ちをもつ努力をしよう。イライラするより、掃除がしやすい工夫を考えることだ。ネコがいつもいる場所に大きめのマットなどを敷き、こまめに洗えるようにするのも方法だ。新聞紙をいつも近くに置いておき、吐きそうになったら新聞紙でじょうずに受けるのも方法だ。

ネコの最期は、いつくるかわからない。もし、ネコを叱った直後に最期がきたら、後悔するに違いない。そう思えば、ほとんどのことは許せるはずである。

カーペットや畳の上にそそうをしたとき

小さな汚れならトイレ
掃除用の使い捨て
シートを使うとラク。

大きな汚れはティッシュ
などで取ったあと、
熱湯をかけて乾いた
布で水気を取る。

ニオイが残って
いたら消臭剤。

新聞紙を手近なところに
置いておき、ウンコをしそう
になったときや吐きそうに
なったとき、上手に新聞紙
をさしだすのがいちばん
手間いらず。

48 心のケアとして ほかのネコとの関係に配慮する

ネコはもともと単独生活者で、おとなになるとひとりで暮らす動物だが、人に飼われると食糧が十分にあるせいで、複数で暮らすことができる。子ネコのときからいっしょに暮らしてきたネコどうしは、いつまでも兄弟のような関係を保つこともある。

だが、単独生活者の感覚は群れ生活者の感覚と根本的に違う。群れ生活者であるわれわれ人間には、ネコが心の底でなにを感じているかは正確にはわからないと考えるべきだろう。人と同じく群れ生活をするイヌの気持ちは理解しやすいが、ネコの気持ちには理解できない部分がある。そう思っていないと、思い込みがネコを追い詰めることにもなる。

一見仲よさそうに見えるネコどうしが実はお互いに無視し合っているということもある。ケンカのような小ぜりあいばかりをしていても実は、兄弟意識だったりもする。ネコどうしの関係をよく観察し、老齢ネコがどう感じているのか理解する努力が必要だろう。人間と同じで、ネコも年をとると本音がでる。本当はひとりでいたかったネコもいれば、本当はただ寄り添って昼寝がしたかっただけのネコもいる。お互いに年をとってきたネコどうしが昔とは違う関係を築いたりもする。人に甘えてばかりいたネコが、人とは距離を保つようになったり、逆に人と距離をもっていたネコが、人にベタベタになったりもする。

どんな変化があろうとも、大切なのはネコが快適な気持ちですごせることである。われわれはネコの気持ちを見きわめて、そのための環境を整えたいものである。ネコが若いときとはまた違う基準での試行錯誤が必要である。

ネコどうしの関係に配慮した環境づくり

ひとりでいたいと感じて
いると思ったら、
ケージを用意して
あげよう。

いっしょに寝たいと
思っていると思ったら、
大きめのベッドを
用意しよう。

抱っこはいや？
じゃ、なでるだけね。

人への態度もよく
観察しよう。

新しい仲間を増やす
のは控える。適応
するのは疲れるだけかも。

入院がいいか自宅療養がいいか

若いときと違い、適応能力が衰えるのも人間と同じだ。もし病気になって治療が必要になったときは、自宅療養が可能かどうかを獣医師と相談するといいだろう。病院という知らない場所にいることの不安が、治療の効果をそこなうような状況なら、そして家庭でも看護が可能な状況なら、自宅療養のほうがいい。金銭的な負担は大きくなるが、往診を頼むという方法もある。

特にそれを考えなければならないのは、「もう長くない」と診断されたときだろう。病院で最期を迎えていいのか、自宅で見送ってやりたいのかをよく考えて、獣医師と相談してほしい。先生は専門家として結論をだしてくれるはずである。

また、もう助かる見込みはなく死期も近く、かつネコに大きな苦痛があるという場合はどうするのかも考えておきたい。痛みや苦しみから解放し、安らかに眠ってもらうために安楽死の選択についてである。

安楽死の選択は、飼い主がいいだすべきものではない。獣医師の判断を飼い主が受け取り、よく話し合ったうえで結論をだすべきことだ。ただし実行するかしないかの決断は、あくまで飼い主がするべきものだ。それが最後の責任であり愛情だ。

実際に安楽死をさせることになったら、飼い主の腕の中で逝かせてあげてほしいと思う。「見ていられない」という気持ちはわかるが、最期を見届けるのは飼い主の役目なのだ。見届けてこそ、ネコと飼い主との時間に悔いのない終止符が打てる。ネコが幸せに一生をすごしたという確信とともに、ネコの魂を天国へと送りだしてほしい。ネコも飼い主の腕の中で永遠の眠りにつきたいと思っているはずである。

室内飼いのネコの多くは最後に病院の世話になる

入院のまま最期を迎えていいのか、自宅で見送りたいのかを考えて先生に相談する。

苦しむためだけに生きているような状態になったら安楽死も考えなくてはならなくなる。

腕の中で見送ってあげてほしい。

49　ネコを弔う方法を考えておく

ネコが亡くなったら、弔《とむら》うことを考えなくてはならないが、方法は大きく分けて3つある。①庭にうめる。②役所に引き取りを依頼する。③ペット霊園に依頼する。

家に庭があるのなら、どこかにうめてお墓をつくるのがいいだろう。いつも近くいると思えるし、遺体はやがて土にかえり植物や昆虫の命を育ててくれる。それは地球の一部として永遠に生き続けることでもある。

庭がない場合は②か③の方法しかない。②は数千円の手数料が必要だが、引き取りにも来てくれる。処理の方法は自治体によって違うが、多くの場合、契約している寺院などで火葬にして弔ってくれる。動物園で死んだ動物たちも、この方法で火葬にされていることが多い。役所に連絡をして値段や方法などを聞いてみるといいだろう。③のペット霊園には、その日の遺体をいっしょに火葬にする合同葬や個別に火葬する個別葬がある。お骨をもち帰ることもできるし、お墓をつくることもできる。それぞれ値段が違うので、近くのペット霊園を探して方法や値段を調べてみるといい。いずれにしろ、ネコが老齢に入ったと思えるときから、どうやって弔うかを考えておくべきだろう。

弔いかたはさまざまだが、お金をかけなくてはネコの魂がうかばれないというものでは決してない。それぞれの人にそれぞれの弔いかたがあってかまわない。大切なのは弔う心だ。お墓があろうとなかろうと、ともに暮らしたネコは飼い主の胸の中に住み続ける。飼い主の心が、すべてのネコの墓なのである。ときどき思いだして懐かしむことが、最良の弔いかたである。

ネコの弔いかた

庭に埋める。遺体をビニールに包んではだめ。いつまでも土にかえれない。タオルなどに包んで最低50cmの深さに。

役所に頼む。ゴミといっしょに処分されることはない。

ペット霊園に頼む。法要もできて人といっしょに入れる墓もある。

遺灰を入れたオルゴールや遺骨を入れたペンダントをつくるヒトもいる。遺灰をプランターに入れて植樹するヒトもいる。

ペットロスから立ち直る

ネコが死んだとき、誰もが悲しみと喪失感に襲われる。だが多くの人はやがて立ち直る。ただ中には、食事もとれず仕事も手につかず、日常生活ができなくなって体をこわしてしまう人もいる。一般にペットロスといわれている状態だ。立ち直るのに半年近くもかかるといわれる。

ペットと人との絆が強くなり、かつペットが長生きをするようになったことが、大きな要因の1つだろう。ペットが子どものような存在になったとき、ペットの死は「逆縁」なのだ。

1カ月以上も立ち直れずにいる場合は、カウンセラーに相談してほしい。そして立ち直ることを模索してほしい。自分が死んだことで飼い主が体をこわし不幸になってしまったら、ネコがうかばれないと思うからだ。ネコとの暮らしは幸せのためだったはずである。だのに飼い主が不幸のどん底に落ちてしまったら、その不幸の原因はネコだということになってしまうではないか。それでは死んだネコがかわいそうすぎる。ネコは飼い主に幸せをくれ、そして旅立っていった。残された私たちは、もらった幸せをもち続けなくてはならない。不幸になってはいけないのだ。

いずれ愛猫の死から立ち直ったら、またネコを飼い、先代のネコと同じように、幸せな一生を与えてほしい。1匹のネコを納得のいくかたちで見送ったということは、ほかのネコも幸せにする能力があるということだ。その能力を多くのネコのために使ってほしい。不幸なネコはまだたくさんいる。そのネコたちにも幸せな一生を与えてほしい。天国に行ったネコも、きっとそれを望んでいるに違いない。次のネコが幸せに暮らしていることを、きっと喜んでくれるに違いない。

新しいネコを飼ったら死んだネコがかわいそう？

そんなことは絶対にない。
新しいネコがいても
先代のネコのことは
忘れないもの。

それよりも、
もう1匹
ネコを幸せに
してほしい。

みー
みー
みー
みかん

みー
みー

天国にいったネコも
きっとそれを望んでいる。

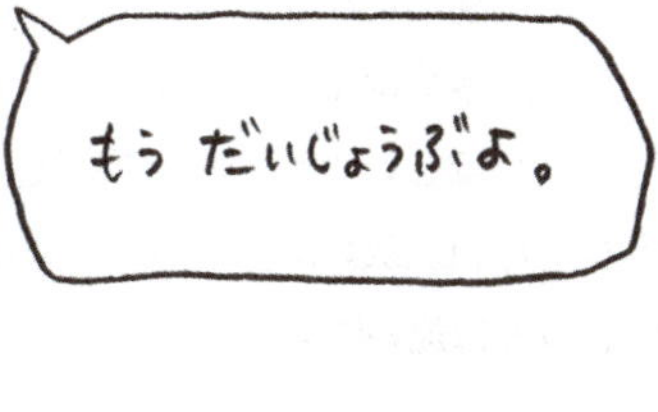
もう だいじょうぶよ。

50 地域ネコ活動に参加するという方法もある

新しいネコを飼うことは、年齢的にも体力的にも金銭的にも無理だけど、不幸なネコのためになにかしたいという場合は、地域ネコ活動に目を向けてみるのもいいかもしれない。地域ネコとは、飼い主のいないネコをなくそうという運動である。ノラネコがいる地域の人たちの了承のもと、ネコたちに避妊や去勢の手術をし、エサやりのルールを決めて人に迷惑をかけず、一代かぎりの生をまっとうさせてあげようというものだ。

ネコ嫌いもネコ好きも、ノラネコがいなくなってくれることを望んでいるのなら、その方法として「地域でめんどうをみるネコ」を認めてもらおう。毎日、決まった場所でエサを与えれば、ネコがゴミを荒らすこともなくなる。食事のあとは食器を片づけ、糞を片づけておけば、道路が汚れることもない。避妊・去勢の手術をして、これ以上数が増えないようにすれば、いつかノラネコはいなくなるという考えだ。各地で多くの人がボランティアとして活動している。最近ではこれに協力する自治体も増えている。

家の近くで、ノラネコにエサを与えている人を見かけたら、話を聞いてみるといいだろう。地域ネコ活動なら、仲間に加えてもらうといい。もしエサを与えるだけで避妊や去勢の手術をしていないのなら、なんとか手術をさせる方法をいっしょに考えてほしい。ネットで情報を集めたり、保健所に相談してみるのも方法だ。

私たちは、個々のネコとつき合い幸せをもらい続けた。この恩返しは、ネコ全体に向けてするべきだ。「うちのネコの幸せ」が「ネコ全体の幸せ」に広がることを目指したい。「うちのネコ」は、それに気づかせるためにやって来た使者だった、と思いたい。

地域ネコ活動

避妊・去勢の手術をし、
「地域ネコ」であるという
目印をつける。

毎日決まった場所で
エサやり。食べたあとは
片づける。フンの掃除の
ついでにほかのゴミも
掃除する。

ネコたちはゴミを荒らさず、
うろつきまわることもしない。
地域の住民に迷惑を
かけないから受け入れられる。

『ネコ好きが気になる50の疑問』

飼い主をどう考えているのか？
室内飼いで幸せなのか？

「ネコの集会はなぜ起きるのか」「飼い主をどう思っているのか」「かみ癖を治せないか」「肉球にさわられるのは嫌なのか」など、飼い主のリサーチ結果をもとに、本当に知りたい疑問上位50をピックアップ。これを読めばネコの気持ちがきっと理解できるはず！

《参考文献》

『イラストでみる猫学』 林良博（講談社、2003年）

『猫種大図鑑』 ブルース・フォーゲル（ペットライフ社、1998年）

『老齢猫としあわせに暮らす』 川口國雄（山海堂、2006年）

『ペット溺愛が生む病気』 荒島康友（講談社、2002年）

『ペットとあなたの健康』 人獣共通感染症勉強会（メディカ出版、1999年）

索　引

サイエンス・アイ新書　シリーズラインナップ

科学

280	M16ライフル M4カービンの秘密	毒島刀也
276	楽器の科学	柳田益造
270	狙撃の科学	かのよしのり
252	知っておきたい電力の疑問100	齋藤勝裕
244	現代科学の大発明・大発見50	大宮信光
243	知っておきたい自然エネルギーの基礎知識	細川博昭
239	陸上自衛隊「装備」のすべて	毒島刀也
232	銃の科学	かのよしのり
222	X線が拓く科学の世界	平山令明
217	BASIC800クイズで学ぶ！　理系英文	佐藤洋一
212	花火のふしぎ	冴木一馬
206	知っておきたい放射能の基礎知識	齋藤勝裕
204	せんいの科学	山﨑義一・佐藤哲也
203	次元とはなにか	新海裕美子／ハインツ・ホライス／矢沢 潔
202	上達の技術	児玉光雄
189	BASIC800で書ける！　理系英文	佐藤洋一
175	知っておきたいエネルギーの基礎知識	齋藤勝裕
165	アインシュタインと猿	竹内 薫・原田章夫
153	マンガでわかる菌のふしぎ	中西貴之
149	知っておきたい有害物質の疑問100	齋藤勝裕
146	理科力をきたえるQ&A	佐藤勝昭
135	地衣類のふしぎ	柏谷博之
132	不可思議現象の科学	久我羅内
106	科学ニュースがみるみるわかる最新キーワード800	細川博昭
081	科学理論ハンドブック50<宇宙・地球・生物編>	大宮信光
080	科学理論ハンドブック50<物理・化学編>	大宮信光
073	家族で楽しむおもしろ科学実験	サイエンスプラス/尾嶋好美
066	知っておきたい単位の知識200	伊藤幸夫・寒川陽美
053	天才の発想力	新戸雅章
037	繊維のふしぎと面白科学	山﨑義一
036	始まりの科学	矢沢サイエンスオフィス/編著
033	プリンに醤油でウニになる	都甲 潔
013	理工系の“ひらめき”を鍛える	児玉光雄

数学

263	楽しく学ぶ数学の基礎 -図形分野- <下：体力増強編>	星田直彦
262	楽しく学ぶ数学の基礎 -図形分野- <上：基礎体力編>	星田直彦

サイエンス・アイ新書　シリーズラインナップ

230	マンガでわかる統計学	大上丈彦/著、メダカカレッジ/監修
219	マンガでわかる幾何	岡部恒治・本丸 諒
195	マンガでわかる複雑ネットワーク	右田正夫・今野紀雄
109	マンガでわかる統計入門	今野紀雄
108	マンガでわかる確率入門	野口哲典
067	数字のウソを見抜く	野口哲典
065	うそつきは得をするのか	生天目 章
061	楽しく学ぶ数学の基礎	星田直彦
055	計算力を強化する鶴亀トレーニング	鹿持 渉/著、メダカカレッジ/監修
049	人に教えたくなる数学	根上生也
047	マンガでわかる微分積分	石山たいら・大上丈彦/著、メダカカレッジ/監修
014	数学的センスを身につける練習帳	野口哲典
002	知ってトクする確率の知識	野口哲典

物理 人体

278	武術の科学	吉福康郎
226	格闘技の科学	吉福康郎

物理

274	理工系のための原子力の疑問62	関本 博
269	ヒッグス粒子とはなにか	ハインツ・ホライス／矢沢 潔
241	ビックリするほど原子力と放射線がわかる本	江尻宏泰
214	対称性とはなにか	広瀬立成
209	カラー図解でわかる科学的アプローチ&パットの極意	大槻義彦
201	日常の疑問を物理で解き明かす	原 康夫・右近修治
174	マンガでわかる相対性理論	新堂 進/著、二間瀬敏史/監修
147	ビックリするほど素粒子がわかる本	江尻宏泰
113	おもしろ実験と科学史で知る物理のキホン	渡辺儀輝
112	カラー図解でわかる 科学的ゴルフの極意	大槻義彦
102	原子(アトム)への不思議な旅	三田誠広
077	電気と磁気のふしぎな世界	TDKテクマグ編集部
076	カラー図解でわかる光と色のしくみ	福江 純・粟野諭美・田島由起子
051	大人のやりなおし中学物理	左巻健男
020	サイエンス夜話　不思議な科学の世界を語り明かす	竹内 薫・原田章夫

化学

234	周期表に強くなる！	齋藤勝裕
229	マンガでわかる元素118	齋藤勝裕
193	知っておきたい有機化合物の働き	齋藤勝裕
185	基礎から学ぶ化学熱力学	齋藤勝裕
136	マンガでわかる有機化学	齋藤勝裕

	107	レアメタルのふしぎ	齋藤勝裕
	092	毒と薬のひみつ	齋藤勝裕
	074	図解でわかるプラスチック	澤田和弘
	069	金属のふしぎ	齋藤勝裕
	056	地球にやさしい石けん・洗剤ものしり事典	大矢 勝
	052	大人のやりおなし中学化学	左巻健男
植物	281	コケのふしぎ	樋口正信
	248	タネのふしぎ	田中 修
	245	毒草・薬草事典	船山信次
	242	自然が見える！　樹木観察フィールドノート	姉崎一馬
	215	うまい雑草、ヤバイ野草	森 昭彦
	179	キノコの魅力と不思議	小宮山勝司
	163	身近な野の花のふしぎ	森 昭彦
	133	花のふしぎ100	田中 修
	114	身近な雑草のふしぎ	森 昭彦
	062	葉っぱのふしぎ	田中 修
植物 動物	196	大人のやりなおし中学生物	左巻健男・左巻恵美子
動物	265	あなたが知らない動物のふしぎ50	中川哲男
	266	外来生物 最悪50	今泉忠明
	250	身近な昆虫のふしぎ	海野和男
	235	ぞわぞわした生きものたち	金子隆一
	208	海に暮らす無脊椎動物のふしぎ	中野理枝/著、広瀬裕一/監修
	190	釣りはこんなにサイエンス	高木道郎
	166	ミツバチは本当に消えたか？	越中矢住子
	164	身近な鳥のふしぎ	細川博昭
	159	ガラパゴスのふしぎ	NPO法人日本ガラパゴスの会
	152	大量絶滅がもたらす進化	金子隆一
	141	みんなが知りたいペンギンの秘密	細川博昭
	138	生態系のふしぎ	児玉浩憲
	127	海に生きるものたちの掟	窪寺恒己/編著
	124	寄生虫のひみつ	藤田紘一郎
	123	害虫の科学的退治	宮本拓海
	122	海の生き物のふしぎ	原田雅章/著、松浦啓一/監修
	121	子供に教えたいムシの探し方・観察のし方	海野和男
	101	発光生物のふしぎ	近江谷克裕

サイエンス・アイ新書　シリーズラインナップ

	088	ありえない!?　生物進化論	北村雄一
	085	鳥の脳力を探る	細川博昭
	084	両生類・爬虫類のふしぎ	星野一三雄
	083	猛毒動物 最恐50	今泉忠明
	072	17年と13年だけ大発生？　素数ゼミの秘密に迫る！	吉村 仁
	068	フライドチキンの恐竜学	盛口 満
	064	身近なムシのびっくり新常識100	森 昭彦
	050	おもしろすぎる動物記	實吉達郎
	038	みんなが知りたい動物園の疑問50	加藤由子
	032	深海生物の謎	北村雄一
	028	みんなが知りたい水族館の疑問50	中村 元
	027	生き物たちのふしぎな超・感覚	森田由子
ペット	272	しぐさでわかるイヌ語大百科	西川文二
	238	イヌの「困った！」を解決する	佐藤えり奈
	237	ネコの「困った！」を解決する	壱岐田鶴子
	118	うまくいくイヌのしつけの科学	西川文二
	111	ネコを長生きさせる50の秘訣	加藤由子
	110	イヌを長生きさせる50の秘訣	臼杵 新
	025	ネコ好きが気になる50の疑問	加藤由子
	024	イヌ好きが気になる50の疑問	吉田悦子
地学	279	これだけは知っておきたい世界の鉱物50	松原 聰・宮脇律郎
	253	天気と気象がわかる！　83の疑問	谷合 稔
	225	次の超巨大地震はどこか？	神沼克伊
	207	東北地方太平洋沖地震は"予知"できなかったのか？	佃 為成
	205	日本人が知りたい巨大地震の疑問50	島村英紀
	198	みんなが知りたい化石の疑問50	北村雄一
	197	大人のやりなおし中学地学	左巻健男
	194	日本の火山を科学する	神沼克伊・小山悦郎
	184	地図の科学	山岡光治
	182	みんなが知りたい南極・北極の疑問50	神沼克伊
	173	みんなが知りたい地図の疑問50	真野栄一・遠藤宏之・石川 剛
	078	日本人が知りたい地震の疑問66	島村英紀
	039	地震予知の最新科学	佃 為成
	034	鉱物と宝石の魅力	松原 聡・宮脇律郎

〈シリーズラインナップは2013年6月時点のものです。そのほか「乗物」「宇宙」「医学」「人体」「心理」「論理」「工学」「IT・PC」「食品」ジャンルのタイトルもあります〉

サイエンス・アイ新書 発刊のことば

science・i

「科学の世紀」の羅針盤

20世紀に生まれた広域ネットワークとコンピュータサイエンスによって、科学技術は目を見張るほど発展し、高度情報化社会が訪れました。いまや科学は私たちの暮らしに身近なものとなり、それなくしては成り立たないほど強い影響力を持っているといえるでしょう。

『サイエンス・アイ新書』は、この「科学の世紀」と呼ぶにふさわしい21世紀の羅針盤を目指して創刊しました。情報通信と科学分野における革新的な発明や発見を誰にでも理解できるように、基本の原理や仕組みのところから図解を交えてわかりやすく解説します。科学技術に関心のある高校生や大学生、社会人にとって、サイエンス・アイ新書は科学的な視点で物事をとらえる機会になるだけでなく、論理的な思考法を学ぶ機会にもなることでしょう。もちろん、宇宙の歴史から生物の遺伝子の働きまで、複雑な自然科学の謎も単純な法則で明快に理解できるようになります。

一般教養を高めることはもちろん、科学の世界へ飛び立つためのガイドとしてサイエンス・アイ新書シリーズを役立てていただければ、それに勝る喜びはありません。21世紀を賢く生きるための科学の力をサイエンス・アイ新書で培っていただけると信じています。

2006年10月

※サイエンス・アイ（Science i）は、21世紀の科学を支える情報（Information）、知識（Intelligence）、革新（Innovation）を表現する「i」からネーミングされています。

SB Creative

science·i

サイエンス・アイ新書

SIS-111

http://sciencei.sbcr.jp/

ネコを長生《ながい》きさせる50の秘訣《ひけつ》

ごはんを食《た》べなくなったら?

鳴《な》き声《ごえ》はストレスの表《あらわ》れ?

2009年 4 月24日 初版第1刷発行
2014年11月20日 初版第9刷発行

著　者　加藤由子《かとうよしこ》
発行者　小川 淳
発行所　SBクリエイティブ株式会社
〒106-0032　東京都港区六本木2-4-5
編集：科学書籍編集部
03(5549)1138
営業：03(5549)1201
装丁・組版　クニメディア株式会社
印刷・製本　図書印刷株式会社

 ISBN 978-4-7973-4795-1

SB Creative